既有建筑安全性与抗震性能鉴定方法及实例分析

李　颖　张庆涛　编著

中国海洋大学出版社
·青岛·

图书在版编目(CIP)数据

既有建筑安全性与抗震性能鉴定方法及实例分析 / 李颖，张庆涛编著. —青岛：中国海洋大学出版社，2024. 6. —ISBN 978-7-5670-3885-1

Ⅰ. TU352.1

中国国家版本馆 CIP 数据核字第 2024LB8743 号

JIYOU JIANZHU ANQUANXING YU KANGZHEN XINGNENG JIANDING FANGFA JI SHILI FENXI

既有建筑安全性与抗震性能鉴定方法及实例分析

出版发行 中国海洋大学出版社

社　　址 青岛市香港东路 23 号　　**邮政编码** 266071

出 版 人 刘文菁

网　　址 http://pub.ouc.edu.cn

电子信箱 369839221@qq.com

订购电话 0532-82032573(传真)

责任编辑 韩玉堂　孙宇菲　　**电　　话** 0532-85902349

印　　制 青岛国彩印刷股份有限公司

版　　次 2024 年 6 月第 1 版

印　　次 2024 年 6 月第 1 次印刷

成品尺寸 170 mm×230 mm

印　　张 12

字　　数 185 千

印　　数 1～1000

定　　价 68.00 元

如发现印装质量问题，请致电 0532-58700166，由印刷厂负责调换。

前言 Preface

既有建筑在安全性与抗震性能检测鉴定方面的技术标准较多，业内工程技术人员在实际应用过程中，由于个人理解深度与方向的不同，往往出现操作差别较大，理解执行有失偏颇的情况。同时鉴定过程中，许多与检测相关的标准配合，进一步增大了实际操作的复杂程度。对于具有一定工程技术经验但对检测鉴定尚不熟悉的工程师，如何适用标准具有一定的困难和挑战。

编者根据多年工作经验，从实践应用的角度出发，本着循序渐进的原则，从工程鉴定工作的开始到结束，将其中使用的方法和依据的规范条文一一列出，一步一步地给读者展开，让读者能理清逻辑，有章可循。

为便于业内工程技术人员更好地理解与应用相关规范，编者按照不同的结构形式，将具体的房屋安全性鉴定及抗震性能鉴定方法分门别类进行分析汇总形成《既有建筑安全性与抗震性能鉴定方法及实例分析》。本书突出具体实践中的操作性，希望对检测鉴定行业内的工程技术人员，特别是对具有一定设计、施工管理等经验，刚刚踏入检测鉴定行业还一头雾水的青年工程师们，在具体实践中有所帮助。

本书适用于以混凝土结构、钢结构、砌体结构为承重结构的民用建筑及其附属构筑物的安全性及抗震性能鉴定。

本书依据的规范标准如下：

《民用建筑可靠性鉴定标准》(GB 50292—2015)；

《工业建筑可靠性鉴定标准》(GB 50144—2019);

《建筑抗震鉴定标准》(GB 50023—2009);

《既有建筑鉴定与加固通用规范》(GB 55021—2021);

《建筑结构检测技术标准》(GB/T 50344—2019);

《混凝土结构现场检测技术标准》(GB/T 50784—2013);

《钢结构现场检测技术标准》(GB/T 50621—2010);

《砌体工程现场检测技术标准》(GB/T 50315—2011);

《混凝土中钢筋检测技术标准》(JGJ/T 152—2019);

《回弹法检测混凝土抗压强度技术规程》(JGJ/T 23—2011);

《贯入法检测砌筑砂浆抗压强度技术规程》(JGJ/T 136—2017);

《钻芯法检测混凝土强度技术规程》(JGJ/T 384—2016);

《建筑结构荷载规范》(GB 50009—2012);

《砌体结构设计规范》(GB 50003—2011);

《建筑地基基础设计规范》(GB 50007—2011);

《混凝土结构设计规范》(GB 50010—2010);

《钢结构设计标准》(GB 50017—2017);

《钢结构焊接规范》(GB 50661—2011)。

限于编者水平,不足之处,敬请指正。

李 颖

2024 年 5 月

目录 Contents

第一章　概　述

随着社会建设的快速发展，既有建筑的数量越来越大，围绕既有建筑安全相关展开的工作也越来越多，根据使用性质不同，现有存在的既有建筑一般分为两类：民用建筑和工业建筑。民用建筑指已建成的，非生产性的居住建筑和公共建筑；工业建筑指已建成的，为工业生产服务的建筑物和构筑物。

说明：书中第二章至第四章中安全性鉴定方法均以《民用建筑可靠性鉴定标准》为切入点，工业建筑所用《工业建筑可靠性鉴定标准》原理与其相同，书中不再过多赘述。

第一节　既有建筑鉴定的原因

既有建筑在出现下列情况时，应进行鉴定：

(1)建筑达到设计工作年限需要继续使用；

(2)改建、扩建、移位以及建筑用途或使用环境改变前；

(3)原设计未考虑抗震设防或抗震设防要求提高；

(4)遭遇灾害或事故后；

(5)存在较为严重的质量缺陷或损伤、疲劳、变形、振动影响、毗邻工程施工影响；

(6)日常使用中出现安全隐患；

(7)有要求需要进行质量评价时。

需要明确的是，在进行既有建筑鉴定时，应同时进行安全性鉴定和抗震鉴定。

第二节 既有建筑鉴定前调查、检测与监测

一、一般规定

既有建筑鉴定前，需要查阅工程图纸和搜集资料，并对建筑物的使用条件、使用环境、结构现状等进行现场调查、检测，必要时应进行监测。其工作范围、内容、深度和技术要求应满足鉴定工作的需要，并符合下列要求。

(1)应采用适合结构现状和现场作业的检测和监测方法。

(2)当既有建筑结构取样数量受到条件限制时，应作为个案通过专门研究处理。

(3)既有建筑结构构件的材料性能检测结果和变形、损伤的检测、监测结果，应能为结构鉴定提供可靠的依据。检测、监测结果未经综合分析，不得直接作为鉴定结论。

(4)应采取措施保障现场检测、监测作业安全，并应制定应急处理处置预案。

(5)检测、监测结束后，应及时对其所造成的结构构件局部破损进行修复。

当既有建筑的工程图纸和资料不全或已失真时，应进行现场详细核查和检测。

二、场地和地基基础

既有建筑所在场地的调查、检测与监测，应搜集该场地内建筑的历次灾害、场地的工程地质和地震地质的有关资料，并对边坡场地的稳定性等性能进行勘察。

既有建筑地基基础现状的调查、检测与监测，应符合下列规定：

(1)收集原始岩土工程勘察报告及有关地基基础设计的图纸资料；

(2)检查地基变形在主体结构及建筑周边的反应；

(3)当变形、损伤有发展时,应进行检测和监测;

(4)当需通过现场检测确定地基的岩土性能或地基承载力时,应对场地、地基岩土进行近位勘察。

三、主体结构

主体结构现状的调查、检测与监测,应包括下列内容:

(1)结构体系及其结构布置;

(2)结构构件及其连接;

(3)结构缺陷、结构变形、损伤和腐蚀;

(4)结构位移和变形;

(5)影响建筑安全的非结构构件。

对钢筋混凝土结构构件和砌体结构构件,应检查整体倾斜、局部外闪、构件酥裂、老化、构造连接损伤、结构构件的材质与强度。

对钢结构构件和木结构构件,应检查材料性能、构件及节点、连接的变形、裂缝、损伤、缺陷。尚应重点检查下列部位钢材的腐蚀或木材的腐朽、虫蛀的状况:

(1)埋入低下或淹没水中的接近地面或水面的部位;

(2)易积水或遭水蒸气侵袭部位;

(3)受干湿交替作用的节点、连接部位;

(4)易积灰的潮湿部位和难喷刷涂层的间隙部位;

(5)钢索节点和锚塞部位。

第三节　既有建筑安全性鉴定流程

一、一般要求

既有建筑的安全性鉴定,应按构件、子系统和鉴定系统三个层次,每一层次划分为四个安全性等级。各层次的评级标准应符合表 1-1 的规定。

表 1-1 安全性鉴定评级标准

层次	鉴定对象	等级	分级标准	处理要求
一	构件的鉴定项目	a_u	安全性符合现场规范与标准的要求,且能正常工作	不必采取措施
		b_u	安全性略低于规范对 a_u 级的要求,尚不明显影响正常工作	仅需采取维护措施
		c_u	安全性不符合规范对 a_u 级的要求,已影响正常工作	应采取措施
		d_u	安全性极不符合规范对 a_u 级的要求,已严重影响正常工作	必须立即采取措施
二	子系统或其子项目的鉴定项目	A_u	安全性符合规范及现行规范与标准的要求,且整体工作正常	可能有个别一般构件应采取措施
		B_u	安全性略低于规范对 A_u 级的要求,尚不明显影响整体工作	可能有极少数构件应采取措施
		C_u	安全性不符合本规范对 A_u 级的要求,已影响整体工作	应采取措施,且可能有极少数构件必须立即采取措施
		D_u	安全性极不符合本规范对 A_u 级的要求,已严重影响整体工作	必须立即采取措施
三	鉴定系统	A_{su}	安全性符合现行规范与标准的要求,且系统的工作正常	可能有极少数一般构件应采取措施
		B_{su}	安全性略低于规范对 A_{su} 级的要求,尚不明显影响系统的工作	可能有极少数构件应采取措施
		C_{su}	安全性略不符合规范对 A_{su} 级的要求,已影响系统的工作	应采取措施,且可能有极少数构件必须立即采取措施
		D_{su}	安全性略不符合规范对 A_{su} 级的要求,已严重影响系统的工作	必须立即采取措施

当仅对既有建筑的局部进行安全性鉴定时，应根据结构体系的构成情况和实际需要，进行至某一层次。

二、构件层次安全性鉴定

主体结构承重构件的安全性鉴定，应按承载能力、构造与连接、不适于继续承载的变形和损伤（含腐蚀损伤）四个鉴定项目，分别评定每一项目等级，并取其中最低一级作为该构件的安全性等级。

既有建筑承重结构、构件的承载能力验算，应符合下列规定。

（1）当为鉴定原结构构件在剩余设计工作年限内的安全性时，应按不低于原建造时的荷载规范和设计规范进行验算。如原结构构件出现过与永久荷载和可变荷载相关的较大变形或损伤，则相关性能指标应按现行规范与标准的规定进行验算。

（2）当为结构加固、改变用途或延长工作年限的目的而鉴定原结构构件的安全性时，应在调查结构上实际作用的荷载及拟新增荷载的基础上，按现行规范与标准的规定进行验算。

（3）采用的计算模型，应符合结构的实际受力和构造状况；结构上的作用（荷载）应经现场调查或检测核算；材料强度的标准值，应根据构件的实际状况、设计文件与现场检测综合确定；应计入由温度和变形产生的附加内力；结构或构件的几何参数应取实测值，并计入相关不利影响。

当构件的安全性按承载能力鉴定项目评定时，应按其抗力（R）与作用效应（S）乘以重要性系数（γ_0）之比（$R/\gamma_0 S$）对每一验算子项分别评级，并取其中最低一级作为该鉴定项目等级。

当构件的安全性按构造与连接鉴定项目评定时，应按构件构造、构件节点与连接、预埋件或后锚固件等子项分别评定等级，并取其中最低一级作为该鉴定项目等级。

当构件的安全性按不适于继续承载的变形鉴定项目评定时，应综合分析构件类别、构件重要性、材料类型，对挠度、侧向弯曲的矢高、平面外位移、平面内位移等子项分别评级，并取其中最低一级作为该鉴定项目等级。

当混凝土结构构件按不适于继续承载的损伤鉴定项目评定时，应综合分析具体环境、构件种类、构件重要性、材料类型，对弯曲裂缝、剪切裂缝、受拉裂缝和受压裂缝、温度或收缩等作用引起的非受力裂缝、腐蚀损伤等子项分别评级，并取其中最低一级作为该鉴定项目等级。

当钢结构构件按不适于继续承载的损伤鉴定项目评定时，应对裂纹或断裂、钢部件残损、钢结构锈蚀或腐蚀损伤等子项分别评级，并取其中最低一级作为该鉴定项目等级。

当砌体结构构件按不适于继续承载的损伤鉴定项目评定时，应对裂缝、残损等子项分别评级，并取其中最低一级作为该鉴定项目等级。

当木构件按不适于继续承载的损伤鉴定项目评定时，应对裂缝、生物损害等子项分别评级，并取其中最低一级作为该鉴定项目等级。

三、子系统层次安全性鉴定

既有建筑第二层次子系统的安全性鉴定评级，应按场地与地基基础和主体结构划分为两个子系统分别进行评定。当仅要求对其中一个子系统进行鉴定时，该子系统与另一子系统的交叉部位也应进行检查，当发现问题时需进行分析，提出处理建议。

既有建筑所在的场地类别应经调查核实，并按核实的结果进行鉴定。

对建造在斜坡场地上的既有建筑鉴定时，应依据其历史资料和实地勘察结果进行稳定性评价。

既有建筑的地基基础安全性鉴定，应首选依据地基变形和主体结构反应的观测结果进行鉴定评级的方法，并符合下列规定：

(1)当地基变形和主体结构反应观测资料不足或怀疑结构存在的问题由地基基础承载力不足所致时，应按地基基础承载力的勘察和检测资料进行鉴定评级；

(2)对有大面积地面荷载或软弱地基上的既有建筑，尚应评价地面荷载、相邻建筑以及循环工作荷载引起的附加沉降或桩基侧移对建筑物安全使用的影响。

当地基基础的安全性按地基变形观测结果和建筑物现状的检测结果鉴定时，应结合沉降量、沉降差、沉降速率、沉降裂缝(变形或位移)、使用状况、发展趋势等进行综合分析并评定等级。

当地基基础的安全性需要按承载力项目鉴定时，应根据地基和基础的检测、验算及近位勘察结果，结合现行规范规定的地基基础承载力要求和建筑物损伤状况进行综合分析并评定等级。

当地基基础的安全性按斜坡场地稳定性项目鉴定时，应结合滑动迹象、滑动史等进行综合分析并评定等级。

地基基础的安全性等级，应依据鉴定结果按其中最低等级确定。

当场地、地基下的水位、水质或土压力有较大改变时，应对此类变化对基础产生的不利影响进行评价，并提出处理建议。

既有建筑的主体结构安全性，应依据其结构承载功能、结构整体牢固性、结构存在的不适于继续承载的侧向位移进行综合评定。针对不同的结构类型，在后面章节中会分别进行详细介绍。

四、鉴定系统层次安全性鉴定

既有建筑第三层次鉴定系统的安全性鉴定评级，应根据地基基础和主体结构的安全性等级，以及与整幢建筑有关的其他安全问题进行评定。

鉴定系统的安全性等级，应根据地基基础和主体结构的评定结果按其中较低等级确定。

对下列任一情况，应直接评为 D_{su} 级：

(1)建筑物处于有危房的建筑群中，且直接受其威胁；

(2)建筑物朝某一方向倾斜，且倾斜速度开始变快。

第四节 既有建筑抗震性能鉴定流程

一、一般规定

既有建筑的抗震鉴定，应首先确定抗震设防烈度、抗震设防类别以及后续工作年限。既有建筑的抗震鉴定，应根据后续工作年限采用相应的鉴定方法。后续工作年限的选择，不应低于剩余设计工作年限。既有建筑的抗震鉴定，根据后续工作年限应分为三类：后续工作年限为30年以内（含30年）的建筑，简称A类建筑；后续工作年限为30年以上40年以内（含40年）的建筑，简称B类建筑；后续工作年限为40年以上50年以内（含50年）的建筑，简称C类建筑。

A类和B类建筑的抗震鉴定，应允许采用折减的地震作用进行抗震承载力和变形验算，允许采用现行标准调低的要求进行抗震措施的核查，但不应低于原建造时的抗震设计要求；C类建筑，应按现行标准的要求进行抗震鉴定；当限于技术条件，难以按现行标准执行时，允许调低其后续工作年限，并按B类建筑的要求从严进行处理。

二、场地与地基基础

对建造于危险地段的既有建筑，应结合规划进行更新（迁离），暂时不能更新的，应经专门研究采取应急的安全措施。设防烈度为7度～9度时，建筑场地为条状突出山嘴、高耸孤立山丘、非岩石和强风化岩石陡坡、河岸和边坡的边缘等不利地段，应对其地震稳定性、地基滑移及对建筑的可能危害进行评估。非岩石和强风化岩石斜坡的坡度及建筑场地与坡脚的高差均较大时，应评估局部地形导致其地震影响增大的后果。

建筑场地有液化侧向扩展时，应判明液化后土体流滑与开裂的危险。对存在软弱土、饱和砂土或饱和粉土的地基基础，应依据其设防烈度、设防类别、场地类别、建筑现状和基础类型，进行地震液化、震陷及抗震承载力的鉴定。对于静载下已出现严重缺陷的地基基础，应同时审核其静载下的承载力。

三、主体结构抗震能力验算

对既有建筑主体结构的抗震能力进行验算时，应通过现场详细调查、检查、检测或监测取得主体结构的有关参数，根据后续工作年限，按照设防烈度、场地类别、设计地震分组、结构自振周期以及阻尼比确定地震影响系数，并允许采用现行标准调低的要求调整构件的组合内力设计值。

采用现行规范规定的方法进行抗震承载力验算时，A 类建筑的水平地震影响系数最大值应不低于现行标准相应值的 0.80 倍，或承载力抗震调整系数不低于现行标准相应值的 0.85 倍；B 类建筑的水平地震影响系数最大值应不低于现行标准相应值的 0.90 倍。同时，上述参数不应低于原建造时抗震设计要求的相应值。

对于 A 类和 B 类建筑中规则的多层砌体房屋和多层钢筋混凝土房屋，当采用以楼层综合抗震能力指数表达的简化方法进行抗震能力验算时，应符合下列规定，且不应低于原建造时的抗震要求。

（1）多层砌体房屋的楼层综合抗震能力指数应符合下式规定：

$$\beta_{ci}=\psi_1\psi_2A_i/(A_{bi}\xi_{0i}\lambda)\geqslant 1.0 \tag{1-1}$$

式中：

β_{ci}——第 i 楼层的纵向或横向墙体综合抗震能力指数。

ψ_1、ψ_2——体系影响系数和局部影响系数。

A_i——第 i 楼层纵向或横向抗震墙在层高 1/2 处净截面积的总面积，不包括高宽比大于 4 的墙段截面面积。

A_{bi}——第 i 楼层建筑平面面积。

ξ_{0i}——第 i 楼层纵向或横向抗震墙按 7 度设防计算的最小面积率。

λ——烈度影响系数，A 类：6、7、8、9 度时，应分别按 0.7、1.0、1.5 和 2.5 采用，设计基本地震加速度为 0.15 g 和 0.30 g 时，应分别按 1.25 和 2.0 采用。B 类：6、7、8、9 度时应分别按 0.7、1.0、2.0 和 4.0 采用，设计基本地震加速度为 0.15 g 和 0.30 g 时应分别按 1.5 和 3.0 采用。当场地处于不利地段时，尚应乘以增大系数。

（2）多层钢筋混凝土房屋的楼层综合抗震能力指数应符合下式规定：

$$\beta=\psi_1\psi_2\xi_y\geqslant 1.0 \tag{1-2}$$

$$\xi_y=V_y/V_e \tag{1-3}$$

式中：

β——平面结构楼层综合抗震能力指数；

ψ_1、ψ_2——体系影响系数和局部影响系数；

ξ_y——楼层屈服强度系数；

V_y——楼层现有受剪承载力；

V_e——楼层的弹性地震剪力，当场地处于不利地段时，尚应乘以增大系数。

四、主体结构抗震措施鉴定

既有建筑抗震措施鉴定，应根据后续工作年限，按照建筑结构类型、所在场地的抗震设防烈度和场地类别、建筑抗震设防类别确定其主要构造要求及核查的重点和薄弱环节。主体结构抗震鉴定时，应依据其所在场地、地基和基础的有利和不利因素，对抗震要求做如下调整：

(1)在各类场地中，当建筑物有全地下室、箱基、筏基和桩基时，应允许利用其有利作用，从宽调整主体结构的抗震鉴定要求；

(2)对密集的建筑，包括防震缝两侧的建筑，应从严调整相关部位的抗震鉴定要求；

(3)Ⅳ类场地、复杂地形、严重不均匀土层上的建筑以及同一主体结构子系统存在不同类型基础时，应从严调整抗震鉴定要求；

(4)建筑场地为Ⅲ、Ⅳ类时，对设计基本地震加速度为0.15 g和0.30 g的地区，各类建筑的抗震构造措施要求应分别按抗震设防烈度8度(0.20 g)和9度(0.40 g)采用。

当主体结构抗震鉴定发现建筑的平立面、质量、刚度分布或墙体抗侧力构件的布置在平面内明显不对称时，应进行地震扭转效应不利影响的分析。当结构竖向构件上下不连续或刚度沿高度分布有突变时，应查明薄弱部位并按相应的要求鉴定。核查结构体系时，应查明其破坏时可能导致整个体系丧失抗震能力的部件或构件。当房屋有错层或不同类型结构体系相连时，应提高其相应部位的抗震鉴定要求。

主体结构的抗震措施鉴定，应根据规定的后续工作年限、设防烈度与设防类别，对下列构造子项进行检查与评定：房屋高度和层数；结构体系和结构布置；结构的规则性；结构构件材料的实际强度；竖向构件的轴压比；结构构件配筋构造；构件及其节点、连接的构造；非结构构件与承重结构连接的构造；局部易损、易倒塌、易掉落部位连接的可靠性。

第二章　钢筋混凝土框架结构房屋主体结构安全性与抗震性能鉴定方法

钢筋混凝土框架结构是由许多梁和柱共同组成的框架来承受房屋全部荷载的结构，根据框架结构的受力体系特点，检测鉴定的重点为地基基础对上部结构的影响，结构构件的混凝土强度、尺寸、整体外观质量，钢筋配置，保护层厚度，结构体系的规则性、整体性等，具体方法如下。

第一节　现场检测方法

一、绘制工程结构现状图

当所要鉴定的工程图纸资料均已缺失时，应现场进行测绘，绘制工程结构现场图。由于工程图纸资料缺失，原有的结构构件尺寸、结构布置、结构体系等数据均已缺失，所以首要的任务就是将现有建筑房屋的结构情况进行复原。一般现场的工作流程为，根据现场情况绘制轴网，然后采用钢卷尺及激光测距仪将框架柱根据现场实际位置测绘到轴网中。测量柱截面尺寸时，应该选取柱的一边测量柱中部、下部及其他部位，取 3 点的平均值。将框架梁截面尺寸确定好以后，根据与相应柱的相对位置，测绘到柱网上，梁高尺寸测量时，量测一侧边跨中及两个距离支座 0.1 m 处，取 3 点的平均值，量测时可取腹板高度加上此处楼板的实测厚度。楼板厚度可采用非金属板厚测试仪进行检测，悬挑板取距离支座 0.1 m 处，沿宽度方向包括中心位置在内的随机 3 点取平均值，其他楼板，在同一对角线上量测中间及距离两端各 0.1 m 处，取 3 点的平均值。[以上具体测量方法依据《混凝土结构工程施工质量验收规范》(GB 50204—2015)附录 F]

由于资料全部缺失，无法查明建筑物地基的实际承载情况，此时根据后续使用荷载的情况分为以下两类考虑。第一类，对于鉴定后期使用荷载与之前变化不大时，可根据建筑物上部结构是否存在地基不均匀沉降的反应进行评定，如果上部结构没有发生因地基不均匀沉降导致的一系列现象，则说明在原有荷载的使用情况下，该地基能够有充足的承载能力。如果存在由于不均匀沉降导致上部主体结构存在沉降裂缝，说明在原有荷载使用情况下，该场地地基承载力已不足，那么就需要对该建筑进行沉降观测，如果沉降观测显示没有继续沉降的迹象，说明该建筑地基已趋于稳定，沉降后的地基承载力基本上能满足现有结构的正常使用；如果沉降观测显示还有继续沉降的迹象，说明该建筑地基还没有趋于稳定，现有地基承载力不能满足现有结构的正常使用，此时应该对场地地基进行近位勘察或者沉降观测，根据地质勘察结果确定场地地基的岩土性能标准值和地基承载力特征值，将实际勘察得到场地地基的岩土性能标准值和地基承载力特征值注明在结构现状图中，后期根据上部结构整体计算结果确定应该需要的地基承载力特征值大小，制订地基处理方案。第二类，如果鉴定后期使用荷载与之前变化较大时，应该对场地地基进行近位勘察或者沉降观测，根据地质勘察结果确定场地地基的岩土性能标准值和地基承载力特征值，将实际勘察得到场地地基的岩土性能标准值和地基承载力特征值注明在结构现状图中。

由于资料全部缺失，现有结构的基础形式、尺寸、埋深等均无法确定，此时根据后续使用荷载的情况分两类考虑。第一类，对于鉴定后期使用荷载与之前变化不大时(一般后期使用荷载不超过原有使用荷载的 5%)，可根据建筑物上部结构是否存在基础损坏的反应进行评定，如果上部结构没有发生因基础损坏导致的一系列现象，则说明在原有荷载的使用情况下，该基础能够有充足的承载能力。如果存在由于基础损坏导致上部主体结构存在裂缝，说明在原有荷载使用情况下，该基础承载力已不足，此时需要根据上部结构的结构布置，将受力类似的竖向构件归为一个组，然后对该组基础进行开挖 1 处或 2 处，将开挖后的基础类型、尺寸、埋深、材料强度等数据绘制到结构现状图中。第二类，如果鉴定后期使用荷载与之前变化较大时，此时需要根据上部结构的结构布置，将受力类似的竖向构件归为一个组，然后对该组基础进行开挖1处或2处，将开挖后的基础类型、尺寸、埋深、材料强度等数据绘制到结构现状图中。

这样，根据上述几个步骤的操作，所鉴定房屋的基本结构体系、结构布置、楼层数量、构件尺寸等基本参数就可以在结构现状图中绘制出来，同时也为后期的检测鉴定工作提供了帮助和支撑。

当所要鉴定的工程图纸资料完整齐全时，可在现场进行校核性检测，当符合原设计要求时，可采用原设计资料给出的结果，当校核性检测不符合原设计要求时，可根据无设计图纸资料的情况进行详细测绘，绘制结构布置图。

二、检查结构构件外观缺陷、裂缝、变形、损伤、腐蚀和锈蚀

对于钢筋混凝土框架结构，主要的外观质量问题有以下几点：原有施工存在的漏浆、严重的蜂窝等问题；房屋使用过程中，由大型机械磕碰、人为破坏导致局部混凝土缺失；由于钢筋保护层厚度不足或使用环境较差，导致的钢筋锈蚀，由于钢筋锈蚀导致混凝土沿着受力方向剥离脱落；混凝土构件由于承载力不足导致裂缝，或温度变化、干缩导致的裂缝；钢筋混凝土梁、板构件出现挠度过大等现象；混凝土由于长期在腐蚀性环境中而发生腐蚀（图2-1～图2-6）。

图 2-1　漏浆严重

图 2-2　混凝土人为破坏开洞

图 2-3　钢筋锈蚀膨胀、混凝土剥落

图 2-4　楼板跨中因承载力不足开裂

图 2-5　混凝土不规则干缩裂缝

图 2-6　混凝土腐蚀脱落

现场应该参照之前绘制的结构现状图，将每一层每一个构件的外观质量问题进行记录，并对每种质量问题量化测量。对于漏浆、严重的蜂窝等问题，应记录漏浆、严重蜂窝的面积、深度等情况；对于由大型机械磕碰、人为破坏导致局部混凝土缺失，应记录混凝土缺失的大小、体积、位置等情况；对于钢筋保护层厚度不足或使用环境较差，导致的钢筋锈蚀，由于钢筋锈蚀导致混凝土沿着受力方向剥离脱落，应该记录存在问题的面积，钢筋的锈蚀程度等情况；对于混凝土构件由于承载力不足导致裂缝，或温度变化、干缩导致的裂缝，应该记录裂缝的宽度、走向、分布，可通过局部钻芯查看裂缝的深度；对于钢筋混凝土梁、板构件出现挠度过大等现象，应记录跨中挠度的大小，裂缝的开展情况；对于混凝土由于长期在腐蚀性环境中而发生腐蚀，应该记录腐蚀的面积、深度，对于严重区域可进行钻芯，检查腐蚀后的混凝土强度。

三、结构构件混凝土强度推定

混凝土抗压强度等级作为钢筋混凝土框架结构的重要力学性能参数，其数值的大小在钢筋混凝土框架结构的承载能力方面有着举足轻重的地位。

（一）结构构件混凝土强度等级概念

首先阐述一下混凝土抗压强度等级的概念。通常讲的混凝土是指用水泥作胶凝材料，砂、石作集料，与水（可含外加剂和掺合料）按一定比例配合，经搅拌而得，经过一定时间的养护后，具有较强的抗压强度。根据《混凝土结构设计规范》（GB 50010—2010）第4.1条要求，为了区分混凝土抗压能力的大小，将混凝土强度等级一般分为C15、C20、C25、C30、C35、C40、C45、C50、C55、C60、C65、C70、C75、C80。以“C15”为例，“C15”中的“C”是Concrete（混凝土）的第一个字母，数字15，指的是混凝土的立方体抗压强度标准值为15 N/mm^2（MPa）。那么这里的15 N/mm^2是怎么得到的呢？根据《混凝土结构设计规范》（GB 50010—2010）第4.1.1条的要求，混凝土强度等级应按立方体抗压强度标准值确定，立方体抗压强度标准值（用$f_{cu,k}$表示）系指按标准方法制作、养护的边长为150 mm的立方体试件，在28天或设计规定龄期以标准试验方法测得的具95%保证率的抗压强度值，即混凝土强度总体分布的平均值减去1.645倍标准差的原则确定。简单通俗地讲，就是从某种配合比的混凝土（可含外加剂和掺合料）中选取制作大量的边长为150 mm的立方体试件，经过28天或设计规定龄期的标准条件下的养护，对其进行抗压强度试验，单个试件的立方体抗压强度按下式计算：

$$f_{cc}=\frac{F}{A} \tag{2-1}$$

式中：

f_{cc}——混凝土立方体试件抗压强度(MPa)，计算结果应精确至0.1 MPa；

F——试件破坏荷载(N)；

A——试件承压面积(mm^2)；

假设试验的立方体试件为n组，n组立方体试件的抗压强度平均值为m，n组立方体试件的抗压强度的标准差为S：

$$f_{cu,k}=m-1.645\times S \tag{2-2}$$

如果经过试验数据得到$f_{cu,k}$为15 N/mm^2，那么就定义这种配合比的混凝土抗压强度等级为C15。

根据《混凝土物理力学性能试验方法标准》(GB/T 50081—2019)第5.0.2条要求，混凝土立方体抗压强度试验试件尺寸共分为3种，分别为边长为100 mm、150 mm、200 mm的立方体，其中标准试件是边长为150 mm的立方体试件，边长为100 mm和200 mm的立方体试件是非标准试件。

(二)结构构件混凝土强度推定值

对于既有结构的检测鉴定，混凝土抗压强度检测常用的方法有回弹法、钻芯法、回弹钻芯修正法、超声回弹综合法、回弹结合老龄混凝土修正法、后装拔出法检测混凝土抗压强度等。对于既有结构，一般建成都超过1 000天，普通的回弹法已经不再适用，根据多年的工作经验，最常用的就是回弹钻芯修正法和回弹结合老龄混凝土修正法。下面重点阐述回弹钻芯修正法和回弹结合老龄混凝土修正法。

1. 回弹钻芯修正法

首先确定检验构件的数量，可以将一个楼层的柱划为一个检验批，将一个楼层的梁、板划为一个检验批，根据《建筑结构检测技术标准》(GB/T 50344—2019)第3.3.10条的要求，按照表2-1中的B类或者C类要求的数量进行检测。回弹法现场布置测区应该在构件上均匀分布(图2-7～图2-9)，每个构件上测区的数量可根据具体工程和规程的要求确定，其他具体要求参考《回弹法检测混凝土抗压强度技术规程》(JGJ/T 23—2011)。

表 2-1　检验批最小样本容量

检验批的容量	检测类别和样本最小容量			检验批的容量	检测类别和样本最小容量		
	A	B	C		A	B	C
3～8	2	2	3	281～500	20	50	80
9～15	2	3	5	501～1 200	32	80	125
16～25	3	5	8	1 201～3 200	50	125	200
26～50	5	8	13	3 201～10 000	80	200	315
51～90	5	13	20	10 001～35 000	125	315	500
91～150	8	20	32	35 001～150 000	200	500	800
151～280	13	32	50	150 001～500 000	315	800	125

注：(1)检测类别 A 适用于一般项目施工质量的检测；可用于既有结构的一般项目检测。

(2)检测类别 B 适用于主控项目施工质量的检测；可用于既有结构的重要项目检测。

(3)检测类别 C 适用于结构工程施工的质量检测或复检；可用于存在问题较多的既有结构的检测。

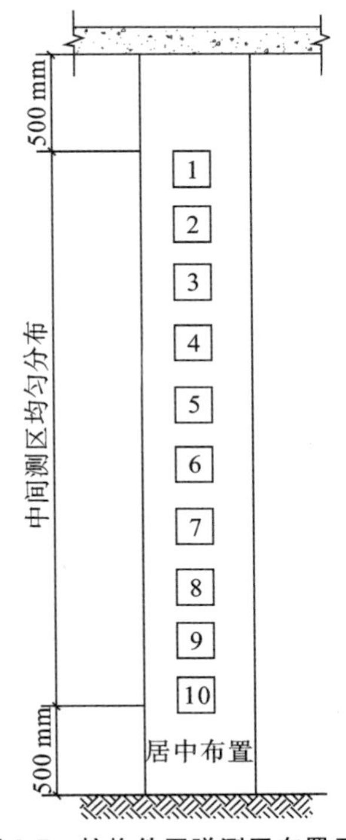

图 2-7　柱构件回弹测区布置示意

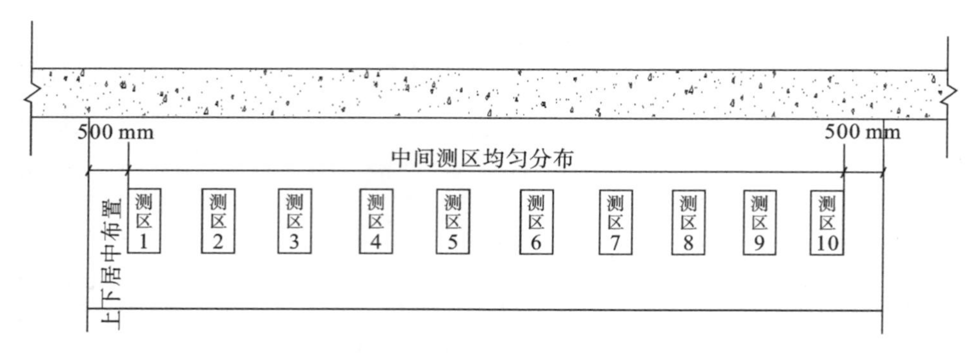

图 2-8 梁构件回弹测区布置示意

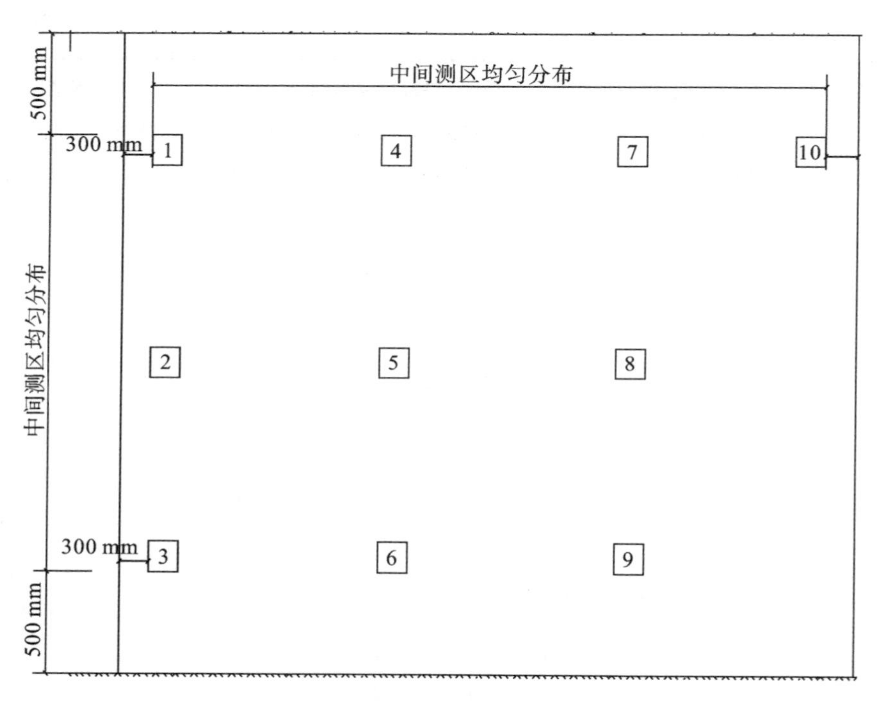

图 2-9 板构件回弹测区布置示意

根据《回弹法检测混凝土抗压强度技术规程》(JGJ/T 23—2011)将一个检验批中需要回弹的构件回弹完成后，可随机在回弹构件中选择至少 6 个构件，在选择的构件中选择一个测区，在该测区中进行钻芯取样，具体钻芯方法可参考《钻芯法检测混凝土强度技术规程》(JGJ/T 384—2016)。芯样经加工成标准试样后，在万能压力试验机上检测出破坏荷载，最后得到每个芯样的混凝土抗压强度，最后使用芯样的混凝土强度对采用回弹法得到的每个测区的混凝土强度换算值进行修正，具体方法如下[参考《回弹法检测混凝土抗压强度技术规程》(JGJ/T 23—2011)第 4.1.6 条]。

修正量按下列公式计算：

$$\Delta_{tot} = f_{cor,m} - f^{c}_{cu,m0} \tag{2-3}$$

$$f_{cor,m} = \frac{1}{n}\sum_{i=1}^{n} f_{cor,i} \tag{2-4}$$

$$f^{c}_{cu,m0} = \frac{1}{n}\sum_{i=1}^{n} f^{c}_{cu,i} \tag{2-5}$$

$$f^{c}_{cu,i1} = f^{c}_{cu,i0} + \Delta_{tot} \tag{2-6}$$

式中：

Δ_{tot}——测区混凝土强度修正量(MPa)，精确到 0.1 MPa；

$f_{cor,m}$——芯样试件混凝土强度平均值(MPa)，精确到 0.1 MPa；

$f^{c}_{cu,m0}$——对应于钻芯部位回弹测区混凝土强度换算值的平均值(MPa)，精确到 0.1 MPa；

$f^{c}_{cu,i}$——对应于第 i 个芯样部位测区回弹值和碳化深度值的混凝土强度换算值(MPa)，精确到 0.1 MPa；

$f^{c}_{cu,i0}$——第 i 个测区修正前的混凝土强度换算值(MPa)，精确到 0.1 MPa；

$f^{c}_{cu,i1}$——第 i 个测区修正后的混凝土强度换算值(MPa)，精确到 0.1 MPa；

n——芯样的个数。

一个检验批回弹构件的所用测区都根据混凝土芯样强度修正完成后，就可对整个检验批的混凝土强度进行推定，具体方法如下[参考《回弹法检测混凝土抗压强度技术规程》(JGJ/T 23—2011)第 7.0.2 条、7.0.3 条]。

先计算出测区混凝土强度换算值的平均值 $m_{f^{c}_{cor,i}}$ 及标准差 $s_{f^{c}_{cu}}$，最后推定出强度推定值 $f_{cu,e}$，将该值作为整个检验批的最后强度代表值。

$$m_{f^c_{cor,i}}=\frac{\sum_{i=1}^{n}f^c_{cor,i1}}{n} \tag{2-7}$$

$$S_{f^c_{cu}}=\sqrt{\frac{\sum_{i=1}^{n}(f^c_{cor,i1})^2-n(m_{f^c_{cor}})^2}{n-1}} \tag{2-8}$$

$$f_{cu,e}=m_{f^c_{cu}}-kS_{f^c_{cu}} \tag{2-9}$$

式中：

$m_{f^c_{cor,i}}$——构件测区混凝土强度换算值的平均值(MPa)，精确到0.1 MPa；

n——对批量检测的构件，取被抽检构件测区数之和；

$s_{f^c_{cu}}$——结构或构件测区混凝土强度换算值的标准差(MPa)，精确到0.01 MPa；

$f_{cu,e}$——构件现龄期混凝土强度推定值(MPa)，精确到0.1 MPa；

k——推定系数，宜取1.645。

对于上面按批量检测的构件，当该批构件混凝土强度标准差出现下列情况之一时，该批构件应全部按单个构件检测：当该批构件混凝土强度平均值小于25 MPa、$s_{f^c_{cu}}$大于4.5 MPa；当该批构件混凝土强度平均值不小于25 MPa且不大于60 MPa、$s_{f^c_{cu}}$大于5.5 MPa时。

上面的方法是直接给出混凝土强度推定值，还有一种方法是给出检验批混凝土强度的推定区间、下限值和上限值，取上限值作为最后的推定值，具体方法如下[参考《建筑结构检测技术标准》(GB/T 50344—2019)第3.5.11条]：

推定区间上限值：$f^{上限}_{cu,e}=m_{f^c_{cu}}-k_1S_{f^c_{cu}}$ (2-10)

推定区间下限值：$f^{下限}_{cu,e}=m_{f^c_{cu}}-k_2S_{f^c_{cu}}$ (2-11)

式中：

k_1、k_2——推定系数，根据测区数量参考《建筑结构检测技术标准》(GB/T 50344—2019)第3.5.11条进行选取。

2. 回弹结合老龄混凝土修正法

在某些情况下，由于结构构件、客观条件下所限，无法在构件中进行取芯修正，这个时候怎么办呢？《民用建筑可靠性鉴定标准》(GB 50292—2015)

附录 K 给出了一种方法:可以对采用普通回弹法得到的测区混凝土抗压强度换算值乘以表 2-2 中的修正系数予以修正。

表 2-2　混凝土抗压强度换算值龄期修正系数

龄期(d)	1 000	2 000	4 000	6 000	80 00	10 000	15 000	20 000	30 000
修正系数 α_n	1.00	0.98	0.96	0.94	0.93	0.92	0.89	0.86	0.82

当采用上述方法对回弹法检测得到的测区混凝土抗压强度换算值进行修正时,应符合下列条件:

(1)龄期已超过 1 000 天,但处于干燥状态的普通混凝土;

(2)混凝土外观质量正常,未受环境介质作用的侵蚀;

(3)经超声波或其他探测法检测结果表明,混凝土内部无明显的不密实区和蜂窝状局部缺失;

(4)混凝土抗压强度等级为 C20 级～C50 级,且实测的碳化深度已大于 6 mm。

检验批所回弹构件的每个测区的混凝土抗压强度换算值都修正完成以后,可以按照式(2-7)～式(2-11)的要求进行推定,最终得出一个检验批的混凝土抗压强度推定值。

经过上述方法得到的混凝土抗压强度推定值可在后期的结构承载力计算中使用。

四、钢筋保护层厚度

混凝土保护层厚度的检测宜采用钢筋探测仪进行并通过剔凿原位检测法进行验证。如何确定一个图纸资料全部缺失的建筑的保护层厚度呢?根据《混凝土结构现场检测技术标准》(GB/T 50784—2013)第 9.3.5 条的要求,可以将钢筋混凝土框架房屋的柱、梁、板、墙分别划分为一个检验批,检验批划分好以后,根据表 2-3 的要求,按照 A 类要求确定受检构件的数量。

表 2-3 检验批最小样本容量

检验批的容量	检测类别和样本最小容量			检验批的容量	检测类别和样本最小容量		
	A	B	C		A	B	C
5～8	2	2	3	91～150	8	20	32
9～15	2	3	5	151～280	13	32	50
16～25	3	5	8	281～500	20	50	80
26～50	5	8	13	501～1 200	32	80	125
51～90	5	13	20	—	—	—	—

注：(1)检测类别A适用于工程质量检测，检测类别B适用于结构性能检测，检测类别C适用于结构质量或性能的严格检测或复检。

(2)无特别说明时，样本单位为构件。

抽取的构件要随机选择，对于梁、柱类应对全部纵向受力钢筋混凝土保护层厚度进行检测；对于墙、板类应抽取不少于6根钢筋(少于6根钢筋时应全检)，进行混凝土保护层厚度检测；将各受检钢筋混凝土保护层厚度检测值按下列公式计算均值推定区间：

$$x_{0.05,u}=m-k_{0.05,u}s \tag{2-12}$$

$$x_{0.05,l}=m-k_{0.05,l}s \tag{2-13}$$

式中：

m——保护层厚度平均值(mm)；

s——保护层厚度标准差；

$x_{0.05,u}$——特征值推定区间的上限值(mm)；

$x_{0.05,l}$——特征值推定区间的下限值(mm)；

$k_{0.05,u}$、$k_{0.05,l}$——推定区间上限值与下限值系数，参考《混凝土结构现场检测技术标准》(GB/T 50784—2013)第3.4.6条。

采用上面方法计算出推定区间上限值和下限值时，当均值推定区间上限值与下限值的差值不大于均值的10%时，该批钢筋混凝土保护层厚度检验值可按推定区间上限值或下限值确定；当均值推定区间上限值与下限值的差值大于均值的10%时，宜补充检测或重新划分检验批进行检测。当不具备补充检测或重新检测条件时，应以最不利检测值作为该检验批混凝土保护层厚度检测值。

五、钢筋力学性能（钢筋的品种）

对于一个工程图纸资料全部缺失的建筑来说，钢筋混凝土构件内部钢筋的力学性能或者说是钢筋的品种无法从资料中得到，只能从实际建筑中进行检测，具体该怎样检测呢？对于既有建筑，《建筑结构检测技术标准》（GB/T 50344—2019）第4.3.1、4.3.2条给出了方法。

第一种方法是直接取样，就是在实际的混凝土构件中，将钢筋剔凿出来，并截取一定长度的钢筋，放到拉力试验机中进行力学性能检测，当检验结论最小值大于国家有关标准的标准值或标准强度时，结构验算时可使用该品种钢筋的标准值或标准强度。此时同品种的主筋数量取样不宜少于2根，取样后，应该采用同种类的钢筋进行加固处理。该方法的优点是可以直接、准确地得到钢筋的力学性能参数，缺点是对结构构件的破坏较大。

第二种方法是直读光谱仪测试钢筋中的主要化学成分，具体是在建筑的钢筋上，切取一小片钢筋材料，然后放到实验室中的光谱仪中进行燃烧，通过对火焰颜色光谱的分析推定出钢筋中的主要化学成分的比例，从而推断出实际的钢筋品种。该方法要求同品种的主筋数量取样不宜少于2根。该方法的优点是破坏性小，缺点是通过让钢筋材料燃烧的光谱进行分析，间接推断出钢筋的品种。

第三种方法是通过测定钢筋表面的硬度来推断钢筋的抗拉强度，简单讲就是通过表面硬度推定强度。该方法类似普通回弹法检测混凝土抗压强度的原理。每根钢筋应布置一个测区，测区可水平设置，也可向上或向下设置。测区可先用角磨机和钢锉打磨，并分别用粗、细砂纸打磨，直至露出金属光泽。每一个测区布置5个测点，并将所有测点数据的平均值作为该测区的代表值。该方法中同品种的主筋数量取样不宜少于2根。通过对回弹值换算后的强度进行分析，确定钢筋的品种。

六、钢筋直径

(1)混凝土中钢筋直径宜采用原位实测法检测;当需要取得钢筋截面积精确值时,应采取取样称量法对原位实测法进行验证。当验证表明检测精度满足要求时,可采用钢筋探测仪检测钢筋公称直径。

(2)原位实测法检测混凝土中钢筋直径应符合下列规定:

①采用钢筋探测仪确定待检钢筋位置,剔除混凝土保护层,露出钢筋;

②用游标卡尺测量钢筋直径,测量精确到 0.1 mm;

③同一部位应重复测量 3 次,将 3 次测量结果的平均值作为该测点钢筋直径检测值。

(3)取样称量法检测钢筋直径应符合下列规定:

①确定待检测的钢筋位置,沿钢筋走向凿开混凝土保护层,截除长度不小于 300 mm 的钢筋试件;

②清理钢筋表面的混凝土,用 12%盐酸进行酸洗,经清水漂净后,用石灰水中和,再以清水冲洗干净;擦干后在干燥器中至少存放 4 h,用天平称重;

③钢筋实际直径按下式计算:

$$d=12.74\sqrt{w/l} \tag{2-14}$$

式中:

d——钢筋实际直径,精确至 0.01 mm;

w——钢筋试件重量,精确至 0.01 g;

l——钢筋试件长度,精确至 0.1 mm。

(4)采用钢筋探测仪检测钢筋公称直径应符合现行行业标准《混凝土中钢筋检测技术规程》(JGJ/T 152—2019)的有关规定。

(5)检验批钢筋直径检测应符合下列规定。

①检验批应按钢筋进场批次划分;当不能确定钢筋进场批次时,宜将同一楼层或同一施工段中相同规格的钢筋作为一个检验批。

②应随机抽取 5 个构件,每个构件抽检 1 根。

③应采用原位实测法进行检测。

④应将各受检钢筋直径检测值与相应钢筋产品标准进行比较，确定该受检钢筋直径是否符合要求。

⑤当检验批受检钢筋直径均符合要求时，应判定该检验批钢筋直径符合要求；当检验批存在1根或1根以上受检钢筋直径不符合要求时，应判定该检验批钢筋直径不符合要求。

⑥对于判定为符合要求的检验批，可采用设计的钢筋直径参数进行结构性能评定；对于判定为不符合要求的检验批，宜补充检测或重新划分检验批进行检测。当不具备补充检测或重新检测条件时，应以最小检测值作为该批钢筋直径检测值。

第二节　安全性鉴定方法

一、构件安全性鉴定

（一）一般规定

单个构件安全性的鉴定评级，应根据构件的不同种类，分别进行评定。当验算被鉴定结构或构件的承载能力时，应遵守下列规定。

（1）结构构件验算采用的结构分析方法，应符合国家现行设计规范的规定。

（2）结构构件验算使用的计算模型，应符合其实际受力与构造状况。

（3）结构上的作用应经调查或检测核实，可参考《民用建筑可靠性鉴定标准》（GB 50292—2015）附录J的规定取值。

结构构件作用效应的确定，应符合下列要求：

①作用的组合、作用的分项系数及组合值系数，应按现行国家标准《建筑结构荷载规范》（GB 50009—2012）的规定执行；

②当结构受到温度、变形等作用，且对其承载有显著影响时，应计入由之产生的附加内力。

（4）构件材料强度的标准值应根据结构的实际状态按下列原则确定：

①若原设计文件有效，且不怀疑结构有严重的性能退化或设计、施工偏差，可采用原设计的标准值；

②若调查表明实际情况不符合上款的要求，应按本规范附录L的规定进行现场检测，并确定其标准值。

(5)结构或构件的几何参数应采用实测值，并计入锈蚀、腐蚀、腐朽、虫蛀、风化、裂缝、缺陷、损伤以及施工偏差等的影响。

(6)当怀疑设计有错误时，应对原设计计算书、施工图或竣工图，重新进行复核。

(7)当需通过荷载试验评估结构构件的安全性时，应按现行专门标准进行。若检验结果表明，其承载能力符合设计和规范要求，可根据其完好程度，定为 a_u 级或 b_u 级，若承载能力不符合设计和规范要求，可根据其严重程度，定为 c_u 级或 d_u 级。

(8)当建筑物中的构件同时符合下列条件时，可不参与鉴定。当有必要给出该构件的安全性等级时，可根据其实际完好程度定为 a_u 级或 b_u 级。

①该构件未受结构性改变、修复、修理或用途、使用条件改变的影响；

②该构件未遭明显的损坏；

③该构件工作正常，且不怀疑其可靠性不足；

④在下一目标使用年限内，该构件所承受的作用和所处的环境，与过去相比不会发生显著变化。

(9)当检查一种构件的材料由于与时间有关的环境效应或其他均匀作用的因素引起的性能变化时，允许采用随机抽样的方法，在该种构件中取5～10个作为检测对象，并按现行检测方法标准规定的从每一构件上切取的试件数或划定的测点数，测定其材料强度或其他力学性能，检测构件数量尚应符合下列规定：

①当构件总数少于5个时，应逐个进行检测；

②当委托方对该种构件的材料强度检测有较严的要求时，也可通过协商适当增加受检构件的数量。

(二)混凝土结构构件安全性按承载力评定

混凝土结构构件的安全性鉴定，应按承载能力、构造、不适于承载的位移或变形、裂缝或其他损伤等四个检查项目，分别评定每一受检构件的等级，并取其中最低一级作为该构件安全性等级。

当按承载能力评定混凝土结构构件的安全性等级时，应按表 2-4 的规定分别评定每一验算项目的等级，并取其中最低等级作为该构件承载能力的安全性等级。混凝土结构倾覆、滑移、疲劳的验算，应按国家现行相关规范进行。

表 2-4　按承载能力评定的混凝土结构构件安全性等级

构件类别	安全性等级			
	a_u级	b_u级	c_u级	d_u级
主要构件及节点、连接	$R/(\gamma_o S)\geqslant 1.00$	$R/(\gamma_o S)\geqslant 0.95$	$R/(\gamma_o S)\geqslant 0.90$	$R/(\gamma_o S)<0.90$
一般构件	$R/(\gamma_o S)\geqslant 1.00$	$R/(\gamma_o S)\geqslant 0.90$	$R/(\gamma_o S)\geqslant 0.85$	$R/(\gamma_o S)<0.85$

(三)混凝土结构构件安全性按构造评定

当按构造评定混凝土结构构件的安全性等级时，应按表 2-5 的规定分别评定每个检查项目的等级，然后取其中最低等级作为该构件构造的安全性等级。

表 2-5　按构造评定的混凝土结构构件的安全性等级

检查项目	a_u级或 b_u级	c_u级或 d_u级
结构构造	结构、构件的构造合理，符合国家现行相关规范要求	结构、构件的构造不当，或有明显缺陷，不符合国家现行相关规范要求
连接或节点构造	连接方式正确，构造符合国家现行相关规范要求，无缺陷，或仅有局部的表面缺陷，工作无异常	连接方式不当，构造有明显缺陷，已导致焊缝或螺栓等发生变形、滑移、局部拉脱、剪坏或裂缝
受力预埋件	构造合理，受力可靠，无变形、滑移、松动或其他损坏	构造有明显缺陷，已导致预埋件发生变形、滑移、松动或其他损坏

(四)混凝土结构构件安全性按不适于承载的位移或变形、裂缝评定

当混凝土结构构件的安全性按不适于承载的位移或变形评定时，应遵守下列规定。

对桁架的挠度，当其实测值大于其计算跨度的 1/400 时，应验算其承载能力。验算时，应考虑由位移产生的附加应力的影响，并按下列规定评级：

(1)若验算结果不低于 b_u 级，仍可定为 b_u 级；

(2)若验算结果低于 b_u 级，应根据其实际严重程度定为 c_u 级或 d_u 级。

(五)除桁架外其他混凝土受弯构件不适于承载的变形的评定

对除桁架外其他混凝土受弯构件不适于承载的变形的评定，应按表 2-6 的规定评级。

表 2-6　除桁架外其他混凝土受弯构件不适于承载的变形的评定

检查项目	构件类别		c_u级或 d_u级
挠度	主要受弯构件——主梁、托梁等		$>l_0/200$
	一般受弯构件	$l_0 \leqslant 7$ m	$>l_0/120$，或>47 mm
		7 m$<l_0 \leqslant 9$ m	$>l_0/150$，或>50 mm
		$l_0>9$ m	$>l_0/180$
侧向弯曲的矢高	预制屋面梁或深梁		$>l_0/400$

注：(1)表中 l_0为计算跨度；

(2)评定结果取 c_u级或 d_u级，应根据其实际严重程度确定。

对柱顶的水平位移或倾斜，当其实测值大于《民用建筑可靠性鉴定标准》(GB 50292—2015)表 7.3.10 所列的限值时，应按下列规定评级。

(1)若该位移与整个结构有关，应根据《民用建筑可靠性鉴定标准》(GB 50292—2015)第 7.3.10 条的评定结果，取与上部承重结构相同的级别作为该柱的水平位移等级。

(2)若该位移只是孤立事件，则应在其承载能力验算中考虑此附加位移的影响，并根据验算结果进行评级。

(3)若该位移尚在发展，应直接定为 d_u 级。

混凝土结构构件不适于承载的裂缝宽度的评定，应按表 2-7 的规定进行评级，并根据其实际严重程度定为 c_u 级或 d_u 级。

表 2-7　混凝土结构构件不适于承载的裂缝宽度的评定

检查项目	环境	构件类别		c_u级或 d_u级
受力主筋处的弯曲裂缝、一般弯剪裂缝和受拉裂缝宽度(mm)	室内正常环境	钢筋混凝土	主要构件	>0.50
			一般构件	>0.70
		预应力混凝土	主要构件	>0.20(0.30)
			一般构件	>0.30(0.50)
	高湿度环境	钢筋混凝土	任何构件	>0.40
		预应力混凝土		>0.10(0.20)
剪切裂缝和受压裂缝(mm)	任何环境	钢筋混凝土或预应力混凝土		出现裂缝

注：(1)表中的剪切裂缝指斜拉裂缝和斜压裂缝；
(2)高湿度环境指露天环境、开敞式房屋易遭飘雨部位、经常受蒸汽或冷凝水作用的场所，以及与土壤直接接触的部件等；
(3)表中括号内的限值适用于热轧钢筋配筋的预应力混凝土构件；
(4)裂缝宽度以表面测量值为准。

当混凝土结构构件出现下列情况之一的非受力裂缝时，也应视为不适于承载的裂缝，并根据其实际严重程度定为 c_u 级或 d_u 级。

(1)因主筋锈蚀或腐蚀，导致混凝土产生沿主筋方向开裂、保护层脱落或掉角。

(2)因温度、收缩等作用产生的裂缝，其宽度已比《民用建筑可靠性鉴定标准》(GB 50292—2015)表 5.2.5 规定的弯曲裂缝宽度值超过 50%，且分析表明已显著影响结构的受力。

当混凝土结构构件同时存在受力和非受力裂缝时，应按《民用建筑可靠性鉴定标准》(GB 50292—2015)第 5.2.5 条及第 5.2.6 条分别评定其等级，并取其中较低一级作为该构件的裂缝等级。

(六)混凝土结构构件安全性按其他损伤评定

当混凝土结构构件有较大范围损伤时，应根据其实际严重程度直接定

为 c_u 级或 d_u 级。

二、子单元安全性鉴定

民用建筑安全性的第二层次子单元鉴定评级，应按下列规定进行。

(1)按地基基础、上部承重结构和围护系统的承重部分划分为三个子单元，并分别按照《民用建筑可靠性鉴定标准》(GB 50292—2015)第 7.2～7.4 节规定的鉴定方法和评级标准进行评定。

(2)当不要求评定围护系统可靠性时，可不将维护系统承重部分列为子单元，将其安全性鉴定并入上部承重结构中。

(3)当需验算上部承重结构的承载能力时，其作用效应应按《民用建筑可靠性鉴定标准》(GB 50292—2015)第 5.1.2 条的规定确定；当需验算地基变形或地基承载力时，其地基的岩土性能和地基承载力标准值，应由原有地质勘察资料和补充勘察报告提供。

(4)当仅要求对某个子单元的安全性进行鉴定时，该子单元与其他相邻子单元之间的交叉部位也应进行检查，并在鉴定报告中提出处理意见。

(一)地基基础安全性鉴定

地基基础子单元的安全性鉴定评级，应根据地基变形或地基承载力的评定结果进行确定。对建在斜坡场地的建筑物，还应按边坡场地稳定性的评定结果进行确定。

当鉴定地基、桩基的安全性时，应遵守下列规定。

(1)一般情况下，宜根据地基、桩基沉降观测资料，以及不均匀沉降在上部结构反应的检查结果进行鉴定评级。

(2)当需对地基、桩基的承载力进行鉴定评级时，应以岩土工程勘察档案和有关检测资料为依据进行评定。若档案、资料不全，还应补充近位勘探点，进一步查明土层分布情况，并结合当地工程经验进行核算和评价。

(3)对建造在斜坡场地上的建筑物，应根据历史资料和实地勘察结果，对边坡场地的稳定性进行评级。

1. 地基基础安全性根据地基变形鉴定

当地基基础的安全性按地基变形观测资料或其上部结构反应的检查结

果评定时，应按下列规定评级。

(1)A_u级，不均匀沉降小于现行国家标准《建筑地基基础设计规范》(GB 50007—2011)规定的允许沉降差；建筑物无沉降裂缝、变形或位移。

(2)B_u级，不均匀沉降不大于现行国家标准《建筑地基基础设计规范》(GB 50007—2011)规定的允许沉降差；且连续两个月地基沉降量小于每月2 mm；建筑物的上部结构虽有轻微裂缝，但无发展迹象。

(3)C_u级，不均匀沉降大于现行国家标准《建筑地基基础设计规范》(GB 50007—2011)规定的允许沉降差；或连续两个月地基沉降量大于每个月2 mm；或建筑物上部结构砌体部分出现宽度大于 5 mm 的沉降裂缝，预制构件连接部位可能出现宽度大于 1 mm 的沉降裂缝，且沉降裂缝短期内无终止趋势。

(4)D_u级，不均匀沉降远大于现行国家标准《建筑地基基础设计规范》(GB 50007—2011)规定的允许沉降差；连续两个月地基沉降量大于每月2 mm，且尚有变快趋势；或建筑物上部结构的沉降裂缝发展显著；砌体的裂缝宽度大于 10 mm；预制构件连接部位的裂缝宽度大于 3 mm；现浇结构个别部分也已开始出现沉降裂缝。

以上 4 款的沉降标准，仅适用于建成已 2 年以上且建于一般地基土上的建筑物；对建在高压缩性黏性土或其他特殊性土地基上的建筑物，此年限宜根据当地经验适当加长。

2. 地基基础安全性根据承载力鉴定

当地基基础的安全性按其承载力评定时，可根据本标准第 7.2.2 条规定的检测和计算分析结果，采用下列规定评级。

(1)当地基基础承载力符合现行国家标准《建筑地基基础设计规范》(GB 50007—2011)的要求时，可根据建筑物的完好程度评为 A_u级或 B_u级。

(2)当地基基础承载力不符合现行国家标准《建筑地基基础设计规范》(GB 50007—2011)的要求时，可根据建筑物开裂损伤的严重程度评为 C_u级或 D_u级。

3. 地基基础安全性根据边坡场地稳定性鉴定

当地基基础的安全性按边坡场地稳定性项目评级时，应按下列标准评定。

(1)A_u级，建筑场地地基稳定，无滑动迹象及滑动史。

(2)B_u级，建筑场地地基在历史上曾有过局部滑动，经治理后已停止滑动，且近期评估表明，在一般情况下，不会再滑动。

(3)C_u级，建筑场地地基在历史上发生过滑动，目前虽已停止滑动，但若触动诱发因素，今后仍有可能再滑动。

(4)D_u级，建筑场地地基在历史上发生过滑动，目前又有滑动或滑动迹象。

在鉴定中若发现地下水位或水质有较大变化，或土压力、水压力有显著改变，且可能对建筑物产生不利影响时，应对此类变化所产生的不利影响进行评价，并提出处理的建议。

(二)上部承重结构安全性鉴定

上部承重结构子单元的安全性鉴定评级，应根据其结构承载功能等级、结构整体性等级以及结构侧向位移等级的评定结果进行确定。

1. 上部承重结构安全性根据结构承载功能等级鉴定

上部结构承载功能的安全性评级，当有条件采用较精确的方法评定时，应在详细调查的基础上，根据结构体系的类型及其空间作用程度，按国家现行标准规定的结构分析方法和结构实际的构造确定合理的计算模型，通过对结构作用效应分析和抗力分析，并结合工程鉴定经验进行评定。

当上部承重结构可视为由平面结构组成的体系，且其构件工作不存在系统性因素的影响时，其承载功能的安全性等级应按下列规定评定。

可在多、高层房屋的标准层中随机抽取$\sqrt{m}$层为代表层作为评定对象；m为该鉴定单元房屋的层数；若$\sqrt{m}$为非整数，应多取一层；对一般单层房屋，宜以原设计的每一计算单元为一区，并随机抽取$\sqrt{m}$区为代表区作为评定对象。

除随机抽取的标准层外，尚应另增底层和顶层，以及高层建筑的转换层和避难层为代表层。代表层构件包括该层楼板及其下的梁、柱、墙等。

宜按结构分析或构件校核所采用的计算模型，以及本标准关于构件集的规定，将代表层(或区)中的承重构件划分为若干主要构件集和一般构件集，并按《民用建筑可靠性鉴定标准》(GB 50292—2015)第 7.3.5 条和第 7.3.6

条的规定评定每种构件集的安全性等级。

可根据代表层(或区)中每种构件集的评级结果,按《民用建筑可靠性鉴定标准》(GB 50292—2015)第7.3.7条的规定确定代表层(或区)的安全性等级。

可根据上述评定结果,按《民用建筑可靠性鉴定标准》(GB 50292—2015)第7.3.8条的规定确定上部承重结构承载功能的安全性等级。

当上部承重结构虽可视为由平面结构组成的体系,但其构件工作受到灾害或其他系统性因素的影响时,其承载功能的安全性等级可按下列规定近似评定:宜区分为受影响和未受影响的楼层(或区),对受影响的楼层(或区),全数作为代表层(或区),对未受影响的楼层(或区),可按《民用建筑可靠性鉴定标准》(GB 50292—2015)第7.3.3条的规定,抽取代表层。可分别评定构件集、代表层(或区)和上部结构承载功能的安全性等级。

在代表层(或区)中,主要构件集安全性等级的评定,可根据该种构件集内每一受检构件的评定结果,按表2-8的分级标准评级。

表 2-8　主要构件集安全性等级的评定

等级	多层及高层房屋	单层房屋
A_u	该构件集内,不含 c_u 级和 d_u 级;可含 b_u 级,但含量不多于25%	该构件集内,不含 c_u 级和 d_u 级;可含 b_u 级,但含量不多于30%
B_u	该构件集内,不含 d_u 级;可含 c_u 级,但含量不应多于15%	该构件集内,不含 d_u 级;可含 c_u 级,但含量不应多于20%
C_u	该构件集内,可含 c_u 级和 d_u 级;若仅含 c_u 级,其含量不应多于40%;若仅含 d_u 级,其含量不应多于10%;若同时含有 c_u 级和 d_u 级,c_u 级含量不应多于25%;d_u 级含量不应多于3%	该构件集内,可含 c_u 级和 d_u 级;若仅含 c_u 级,其含量不应多于50%;若仅含 d_u 级,其含量不应多于15%;若同时含有 c_u 级和 d_u 级,c_u 级含量不应多于30%;d_u 级含量不应多于5%
D_u	该构件集内,c_u 级或 d_u 级含量多于 C_u 级的规定数	该构件集内,c_u 级和 d_u 级含量多于 C_u 级的规定数

注:当计算的构件数为非整数时,应多取一根。

在代表层(或区)中,评定一种一般构件集的安全性等级时,应按表2-9的分级标准评级。

表2-9 一般构件集安全性等级的评定

等级	多层及高层房屋	单层房屋
A_u	该构件集内,不含c_u级和d_u级;可含b_u级,但含量不应多于30%	该构件集内,不含c_u级和d_u级;可含b_u级,但含量不应多于35%
B_u	该构件集内,不含d_u级;可含c_u级,但含量不应多于20%	该构件集内,不含d_u级;可含c_u级,但含量不应多于25%
C_u	该构件集内,可含c_u级和d_u级,但c_u级含量不应多于40%;d_u级含量不应多于10%	该构件集内,可含c_u级和d_u级,但c_u级含量不应多于50%;d_u级含量不应多于15%
D_u	该构件集内,c_u级或d_u级含量多于C_u级的规定数	该构件集内,c_u级和d_u级含量多于C_u级的规定数

各代表层(或区)的安全性等级,应按该代表层(或区)中各主要构件集间的最低等级确定。当代表层(或区)中一般构件集的最低等级比主要构件集最低等级低二级或三级时,该代表层(或区)所评的安全性等级应降一级或降二级。

上部结构承载功能的安全性等级,可按下列规定确定。

(1)A_u级,不含C_u级和D_u级代表层(或区);可含B_u级,但含量不多于30%。

(2)B_u级,不含D_u级代表层(或区);可含C_u级,但含量不多于15%。

(3)C_u级,可含C_u级和D_u级代表层(或区);若仅含C_u级,其含量不多于50%;若仅含D_u级,其含量不多于10%;若同时含有C_u级和D_u级,其C_u级含量不应多于25%,D_u级含量不多于5%。

(4)D_u级,其C_u级或D_u级代表层(或区)的含量多于C_u级的规定数。

2. 上部承重结构安全性根据结构整体性等级鉴定

当评定结构整体性等级时,可按表2-10的规定,先评定其每一检查项目的等级,然后按下列原则确定该结构整体性等级。

(1)若四个检查项目均不低于 B_u 级,可按占多数的等级确定。

(2)若仅一个检查项目低于 B_u 级,可根据实际情况定为 B_u 级或 C_u 级。

表 2-10　结构整体牢固性等级的评定

检查项目	A_u 级或 B_u 级	C_u 级或 D_u 级
结构布置及构造	布置合理,形成完整的体系,且结构选型及传力路线设计正确,符合现行设计规范要求	布置不合理,存在薄弱环节,未形成完整的体系;或结构选型、传力路线设计不当,不符合现行设计规范要求,或结构产生明显振动
支撑系统或其他抗侧力系统的构造	构件长细比及连接构造符合现行设计规范要求,形成完整的支撑系统,无明显残损或施工缺陷,能传递各种侧向作用	构件长细比或连接构造不符合现行设计规范要求,未形成完整的支撑系统,或构件连接已失效或有严重缺陷,不能传递各种侧向作用
结构、构件间的联系	设计合理、无疏漏;锚固、拉结、连接方式正确、可靠,无松动变形或其他残损	设计不合理,多处疏漏;或锚固、拉结、连接不当,或已松动变形,或已残损
砌体结构中圈梁及构造柱的布置与构造	布置正确,截面尺寸、配筋及材料强度等符合现行设计规范要求,无裂缝或其他残损,能起封闭系统作用	布置不当,截面尺寸、配筋及材料强度不符合现行设计规范要求,已开裂,或有其他残损,或不能起封闭系统作用

3. 上部承重结构安全性根据结构侧向位移等级鉴定

对上部承重结构不适于承载的侧向位移,应根据其检测结果,按下列规定评级。

(1)当检测值已超出表 2-11 界限,且有部分构件(含连接、节点域,地下同)出现裂缝、变形或其他局部损坏迹象时,应根据实际严重程度定为 C_u 级或 D_u 级。

(2)当检测值虽已超出表 2-11 界限,但尚未发现上款所述情况时,应进一步进行计入该位移影响的结构内力计算分析,并按《民用建筑可靠性鉴定标准》(GB 50292—2015)第 5 章的规定,验算各构件的承载能力,若验算结果均不低于 b_u 级,仍可将该结构定为 B_u 级,但宜附加观察使用一段时间的限制。若构件承载能力的验算结果低于 b_u级时，应定为 C_u级。

(3)对某些构造复杂的砌体结构，当按本条第 2 款规定进行计算分析有困难时，各类结构不适于承载的侧向位移等级的评定可直接按表 2-11 规定的界限值评级。

表 2-11　各类结构不适于承载的侧向位移等级的评定

<table>
<tr><th rowspan="2">检查项目</th><th rowspan="2" colspan="4">结构类别</th><th>顶点位移</th><th>层间位移</th></tr>
<tr><th>C_u级或 D_u级</th><th>C_u级或 D_u级</th></tr>
<tr><td rowspan="4">结构平面内的侧向位移</td><td rowspan="4">混凝土结构或钢结构</td><td colspan="3">单层建筑</td><td>$>H/150$</td><td>—</td></tr>
<tr><td colspan="3">多层建筑</td><td>$>H/200$</td><td>$>H_i/150$</td></tr>
<tr><td rowspan="2">高层建筑</td><td colspan="2">框架</td><td>$>H/250$ 或 >300 mm</td><td>$>H_i/150$</td></tr>
<tr><td colspan="2">框架剪力墙
框架筒体</td><td>$>H/300$ 或 >400 mm</td><td>$>H_i/250$</td></tr>
<tr><td rowspan="7">结构平面内的侧向位移</td><td rowspan="7">砌体结构</td><td rowspan="4">单层建筑</td><td rowspan="2">墙</td><td>$H\leqslant7$ m</td><td>$>H/250$</td><td>—</td></tr>
<tr><td>$H>7$ m</td><td>$>H/300$</td><td>—</td></tr>
<tr><td rowspan="2">柱</td><td>$H\leqslant7$ m</td><td>$>H/300$</td><td>—</td></tr>
<tr><td>$H>7$ m</td><td>$>H/330$</td><td>—</td></tr>
<tr><td rowspan="3">多层建筑</td><td rowspan="2">墙</td><td>$H\leqslant10$ m</td><td>$>H/300$</td><td rowspan="2">$>H_i/300$</td></tr>
<tr><td>$H>10$ m</td><td>$>H/330$</td></tr>
<tr><td>柱</td><td>$H\leqslant10$ m</td><td>$>H/330$</td><td>$>H_i/330$</td></tr>
<tr><td colspan="5">单层排架平面外侧倾</td><td>$>H/350$</td><td>—</td></tr>
</table>

注：(1)表中 H 为结构顶点高度；H_i 为第 i 层层间高度；

(2)墙包括带壁柱墙。

4. 上部承重结构安全性综合鉴定方法

上部承重结构的安全性等级，应根据《民用建筑可靠性鉴定标准》(GB 50292—2015)第 7.3.2 条至第 7.3.10 条的评定结果，按下列原则确定。

一般情况下，应按上部结构承载功能和结构侧向位移（或倾斜）的评级结果，取其中较低一级作为上部承重结构（子单元）的安全性等级。当上部承重结构按上款评为 B_u级，但若发现各主要构件集所含的 C_u级构件（或其节点、连接域）处于下列情况之一时，宜将所评等级降为 C_u级：出现 C_u级构件交汇的节点连接；不止一个 C_u级存在于人群密集场所或其他破坏后果严重的部位。

当上部承重结构按上述评为 C_u级，但若发现其主要构件集有下列情况之一时，宜将所评等级降为 D_u级。

（1）多层或高层房屋中，其底层柱集为 C_u级。

（2）多层或高层房屋的底层，或任一空旷层，或框支剪力墙结构的框架层的柱集为 D_u级。

（3）在人群密集场所或其他破坏后果严重部位，出现不止一个 d_u级构件。

当上部承重结构按上款评为 A_u级或 B_u级，而结构整体性等级为 C_u级或 D_u级时，应将所评的上部承重结构安全性等级降为 C_u级。

当上部承重结构在按规定作了调整后仍为 A_u级或 B_u级，但若发现被评为 C_u级或 D_u级的一般构件集，已被设计成参与支撑系统或其他抗侧力系统工作，或已在抗震加固中，加强了其与主要构件集的锚固；应将上部承重结构所评的安全性等级降为 C_u级。

对检测、评估认为可能存在整体稳定性问题的大跨度结构，应根据实际检测结果建立计算模型，采用可行的结构分析方法进行整体稳定性验算；若验算结果尚能满足设计要求，仍可评为 B_u级；若验算结果不满足设计要求，应根据其严重程度评为 C_u级或 D_u级，并应参与上部承重结构安全性等级评定。

当建筑物受到振动作用引起使用者对结构安全表示担心或振动引起的结构构件损伤，已可通过目测判定时，应按《民用建筑可靠性鉴定标准》(GB 50292—2015)附录 M 的规定进行检测与评定。若评定结果对结构安全性有影响，应将上部承重结构安全性鉴定所评等级降低一级，且不高于 C_u级。

(三)围护系统的承重部分安全性鉴定

围护系统承重部分的安全性，应在该系统专设的和参与该系统工作的各种承重构件的安全性评级的基础上，根据该部分结构承载功能等级和结构整体性等级的评定结果进行确定。

评定一种构件集的安全性等级时，应根据每一受检构件的评定结果及其构件类别，分别按《民用建筑可靠性鉴定标准》(GB 50292—2015)第 7.3.2

条或第7.3.3条的规定评级。

当评定围护系统的计算单元或代表层的安全性等级时，应按《民用建筑可靠性鉴定标准》(GB 50292—2015)第7.3.5条的规定评级。

围护系统的结构承载功能的安全性等级，应按《民用建筑可靠性鉴定标准》(GB 50292—2015)第7.3.6条的规定确定。

当评定围护系统承重部分的结构整体性时，应按《民用建筑可靠性鉴定标准》(GB 50292—2015)第7.3.7条的规定评级。

围护系统承重部分的安全性等级，可根据《民用建筑可靠性鉴定标准》(GB 50292—2015)第7.4.4条和第7.4.5条的评定结果，按下列原则确定。

(1)当仅有 A_u 级和 B_u 级时，按占多数级别确定。

(2)当含有 C_u 级或 D_u 级时，可按下列规定评级：

①若 C_u 级或 D_u 级属于结构承载功能问题时，按最低等级确定；

②若 C_u 级或 D_u 级属于结构整体性问题时，宜定为 C_u 级。

(3)围护系统承重部分评定的安全性等级，不得高于上部承重结构的等级。

三、鉴定单元安全性鉴定

民用建筑鉴定单元的安全性鉴定评级，应根据其地基基础、上部承重结构和围护系统承重部分等的安全性等级，以及与整幢建筑有关的其他安全问题进行评定。

鉴定单元的安全性等级，应根据评定结果，按下列原则规定。

(1)一般情况下，应根据地基基础和上部承重结构的评定结果按其中较低等级确定。

(2)当鉴定单元的安全性等级按上款评为 A_u 级或 B_u 级，但围护系统承重部分的等级为 C_u 级或 D_u 级时，可根据实际情况将鉴定单元所评等级降低一级或二级，但最后所定的等级不得低于 C_{su} 级。

对下列任一情况，可直接评为 D_{su} 级。

①建筑物处于有危房的建筑群中，且直接受到其威胁。

②建筑物朝一方向倾斜，且速度开始变快。

当新测定的建筑物动力特性，与原先记录或理论分析的计算值相比，有下列变化时，可判其承重结构可能有异常，但应经进一步检查、鉴定后再评定该建筑物的安全性等级。

①建筑物基本周期显著变长或基本频率显著下降。

②建筑物振型有明显改变或振幅分布无规律。

第三节　抗震性能鉴定方法

一、抗震性能鉴定的基本规定

现有建筑的抗震鉴定应包括下列内容及要求。

(1)搜集建筑的地质情况勘察报告、施工和竣工验收的相关原始资料；当资料不全时，应根据鉴定的需要进行补充实测。

(2)调查建筑现状与原始资料相符合的程度、施工质量和维护状况，发现相关的非抗震缺陷。

(3)根据各类建筑结构的特点、结构布置、构造和抗震承载力等因素，采用相应的逐级鉴定方法，进行综合抗震能力分析。

(4)对现有建筑整体抗震性能做出评价，对符合抗震鉴定要求的建筑应说明其后续使用年限，对不符合抗震鉴定要求的建筑提出相应的抗震减灾对策和处理意见。

现有建筑的抗震鉴定，应根据下列情况区别对待。

(1)建筑结构类型不同的结构，其检查的重点、项目内容和要求不同，应采用不同的鉴定方法。

(2)对重点部位与一般部位，应按不同的要求进行检查和鉴定。

注：重点部位指影响该类建筑结构整体抗震性能的关键部位和易导致局部倒塌伤人的构件、部件，以及地震时可能造成次生灾害的部位。

(3)对抗震性能有整体影响的构件和仅有局部影响的构件，在综合抗震能力分析时应分别对待。

抗震鉴定分为两级。第一级鉴定应以宏观控制和构造鉴定为主进行综合评价，第二级鉴定应以抗震验算为主，结合构造影响进行综合评价。

(1)A类建筑的抗震鉴定，当符合第一级鉴定的各项要求时，建筑可评为满足抗震鉴定要求，不再进行第二级鉴定；当不符合第一级鉴定要求时，除本标准各章有明确规定的情况外，应由第二级鉴定做出判断。

(2)B类建筑的抗震鉴定，应检查其抗震措施和现有抗震承载力再做出判断。当抗震措施不满足鉴定要求而现有抗震承载力较高时，可通过构造影响系数进行综合抗震能力的评定；当抗震措施鉴定满足要求时，主要抗侧力构件的抗震承载力不低于规定的95%、次要抗侧力构件的抗震承载力不低于规定的90%，也可不要求进行加固处理。

现有建筑宏观控制和构造鉴定的基本内容及要求，应符合下列规定。

(1)当建筑的平、立面，质量、刚度分布和墙体等抗侧力构件的布置在平面内明显不对称时，应进行地震扭转效应不利影响的分析；当结构竖向构件上下不连续或刚度沿高度分布突变时，应找出薄弱部位并按相应的要求鉴定。

(2)检查结构体系，应找出其破坏会导致整个体系丧失抗震能力或丧失对重力的承载能力的部件或构件，当房屋有错层或不同类型结构体系相连时，应提高其相应部位的抗震鉴定要求。

(3)检查结构材料实际达到的强度等级，当低于规定的最低要求时，应提出采取相应的抗震减灾对策。

(4)多层建筑的高度和层数，应符合标准规定的最大值限值要求。

(5)当结构构件的尺寸、截面形式等不利于抗震时，宜提高该构件的配筋等构造抗震鉴定要求。

(6)结构构件的连接构造应满足结构整体性的要求，装配式厂房应有较完整的支撑系统。

(7)非结构构件与主体结构的连接构造应满足不倒塌伤人的要求，位于出入口及人流通道等处，应有可靠的连接。

(8)当建筑场地位于不利地段时，尚应符合地基基础的有关鉴定要求。

6度和有具体规定时，可不进行抗震验算。当6度第一级鉴定不满足时，可通过抗震验算进行综合抗震能力评定。其他情况，至少在两个主轴方向分别按标准规定的具体方法进行结构的抗震验算。

当标准未给出具体方法时，可采用现行国家标准《建筑抗震设计规范》(GB 50011—2010)规定的方法，按下式进行结构构件抗震验算：

$$S \leqslant R/\gamma_{RE} \tag{2-15}$$

式中：

S——结构构件内力(轴向力、剪力、弯矩等)组合的设计值；计算时，有关的荷载、地震作用、作用分项系数、组合值系数，应按现行国家标准《建筑抗震设计规范》(GB 50011—2010)的规定采用；其中，场地的设计特征周期可按表 2-12 确定，地震作用效应(内力)调整系数应按本标准各章的规定采用，8、9 度的大跨度和长悬臂结构应计算竖向地震作用。

R——结构构件承载力设计值，按现行国家标准《建筑抗震设计规范》(GB 50011—2010)的规定采用；其中，各类结构材料强度的设计指标应按《建筑抗震鉴定标准》(GB 50023—2009)附录 A 采用，材料强度等级按现场实际情况确定。

γ_{RE}——抗震鉴定的承载力调整系数，除本标准各章节另有规定外，一般情况下，可按现行国家标准《建筑抗震设计规范》(GB 50011—2010)的承载力抗震调整系数值采用，A 类建筑抗震鉴定时，钢筋混凝土构件应按现行国家标准《建筑抗震设计规范》(GB 50011—2010)承载力抗震调整系数值的 0.85 倍采用。

表 2-12 特征周期值(s)

设计地震分组	场地类别			
	Ⅰ	Ⅱ	Ⅲ	Ⅳ
第一、二组	0.20	0.30	0.40	0.65
第三组	0.25	0.40	0.55	0.85

现有建筑的抗震鉴定要求，可根据建筑所在场地、地基和基础等的有利和不利因素，做下列调整。

(1) Ⅰ类场地上的丙类建筑，7～9 度时，构造要求可降低一度。

(2) Ⅳ类场地、复杂地形、严重不均匀土层上的建筑以及同一建筑单元存在不同类型基础时，可提高抗震鉴定要求。

(3)建筑场地为Ⅲ、Ⅳ类时,对设计基本地震加速度 0.15 g 和 0.30 g 的地区,各类建筑的抗震构造措施要求分别按抗震设防烈度 8 度(0.20 g)和 9 度(0.40 g)采用。

(4)有全地下室、箱基、筏基和桩基的建筑,可降低上部结构的抗震鉴定要求。

(5)对密集的建筑,包括防震缝两侧的建筑,应提高相关部位的抗震鉴定要求。

对不符合鉴定要求的建筑,可根据其不符合要求的程度、部位对结构整体抗震性能影响的大小,以及有关的非抗震缺陷等实际情况,结合使用要求、城市规划和加固难易等因素的分析,提出相应的维修、加固、改变用途或更新等抗震减灾对策。

二、场地抗震鉴定

抗震设防烈度为 6、7 度时及建造于对抗震有利地段的建筑,可不进行场地对建筑影响的抗震鉴定。有利、不利等地段和场地类别,按现行国家标准《建筑抗震设计规范》(GB 50011—2010)划分。

对建造于危险地段的既有建筑,应结合规划更新(迁离);暂时不能更新的,应进行专门研究,并采取应急的安全措施。对建造于危险地段的建筑,场地对建筑影响应按专门规定鉴定。

抗震设防烈度为 7～9 度时,建筑场地为条状突出山嘴、高耸孤立山丘、非岩石和强风化岩石陡坡、河岸和边坡的边缘等不利地段,应对其地震稳定性、地基滑移及对建筑的可能危害进行评估;非岩石和强风化岩石陡坡的坡度及建筑场地与坡脚的高差均较大时,应估算局部地形导致其地震影响增大的后果。

建筑场地有液化侧向扩展且距常时水线 100 m 范围内,应判明液化后土体流滑与开裂的危险。

三、地基基础抗震鉴定

地基基础现状的鉴定,应着重调查上部结构的不均匀沉降裂缝和倾斜,基础有无腐蚀、酥碱、松散和剥落，上部结构的裂缝、倾斜以及有无发展趋势。

符合下列情况之一的既有建筑，可不进行其地基基础的抗震鉴定。

(1)丁类建筑。

(2)地基主要受力层范围内不存在软弱土、饱和砂土和饱和粉土或严重不均匀土层的乙类、丙类建筑。

(3)6 度时的各类建筑。

(4)7 度时，地基基础现状无严重静载缺陷的乙类、丙类建筑。

对地基基础现状进行鉴定时，当基础无腐蚀、酥碱、松散和剥落，上部结构无不均匀沉降裂缝和倾斜，或虽有裂缝、倾斜但不严重且无发展趋势，该地基基础可评为无严重静载缺陷。

存在软弱土、饱和砂土和饱和粉土的地基基础，应根据烈度、场地类别、建筑现状和基础类型，进行液化、震陷及抗震承载力的两级鉴定。符合第一级鉴定的规定时，应评为地基符合抗震要求，不再进行第二级鉴定。

静载下已出现严重缺陷的地基基础，应同时审核其静载下的承载力。

四、地基基础的第一级鉴定

地基基础的第一级鉴定应符合下列要求。

(1)基础下主要受力层存在饱和砂土或饱和粉土时，对下列情况可不进行液化影响的判别：

①对液化沉陷不敏感的丙类建筑；

②符合现行国家标准《建筑抗震设计规范》(GB 50011—2010)液化初步判别要求的建筑；

③液化土的上界与基础底面的距离大于 1.5 倍基础宽度。

(2)基础下主要受力层存在软弱土时，对下列情况可不进行建筑在地震作用下沉陷的估算：

①8、9 度时，地基土静承载力特征值分别大于 80 kPa 和 100 kPa；

②8 度时，基础底面以下的软弱土层厚度不大于 5 m。

(3)采用桩基的建筑，对下列情况可不进行桩基的抗震验算：

①现行国家标准《建筑抗震设计规范》(GB 50011—2010)规定可不进行

桩基抗震验算的建筑；

②位于斜坡但地震时土体稳定的建筑。

五、地基基础的第二级鉴定

地基基础的第二级鉴定应符合下列要求。

(1)饱和土液化的第二级判别，应按现行国家标准《建筑抗震设计规范》(GB 50011—2010)的规定，采用标准贯入试验判别法。判别时，可计入地基附加应力对土体抗液化强度的影响。存在液化土时，应确定液化指数和液化等级，并提出相应的抗液化措施。

(2)软弱土地基及8、9度时Ⅲ、Ⅳ类场地上的高层建筑和高耸结构，应进行地基和基础的抗震承载力验算。

六、现有天然地基的抗震承载力验算应符合的要求

(1)天然地基的竖向承载力，可按现行国家标准《建筑抗震设计规范》(GB 50011—2010)规定的方法验算，其中，地基土静承载力特征值应改用长期压密地基土静承载力特征值，其值按下式计算：

$$f_{sE}=\zeta_s f_{sc} \tag{2-16}$$

$$f_{sc}=\zeta_c f_s \tag{2-17}$$

式中：

f_{sE}——调整后的地基土抗震承载力特征值(kPa)；

ζ_s——地基土抗震承载力调整系数，可按现行国家标准《建筑抗震设计规范》(GB 50011—2010)采用；

f_{sc}——长期压密地基土静承载力特征值(kPa)；

f_s——地基土静承载力特征值(kPa)，其值可按现行国家标准《建筑地基基础设计规范》(GB 50007—2011)采用；

ζ_c——地基土静承载力长期压密提高系数，其值可按表2-13采用。

(2)承受水平力为主的天然地基验算水平抗滑时，抗滑阻力可采用基础底面摩擦力和基础正侧面土的水平抗力之和；基础正侧面土的水平抗力，可取其被动土压力的1/3；抗滑安全系数不宜小于1.1；当刚性地坪的宽度不

小于地坪孔口承压面宽度的3倍时，尚可利用刚性地坪的抗滑能力。

表2-13　地基土承载力长期压密提高系数

年限与岩土类别	p_0/f_s			
	1.0	0.8	0.4	<0.4
2年以上的砾、粗、中、细、粉砂	1.2	1.1	1.05	1.0
5年以上的粉土和粉质黏土				
8年以上地基土静承载力标准值大于100 kPa的黏土				

注：(1)p_0指基础底面实际平均压应力(kPa)；

(2)使用期不够或岩石、碎石土、其他软弱土，提高系数值可取1.0。

七、上部结构抗震性能鉴定

本节适用于现浇及装配整体式钢筋混凝土框架(包括填充墙框架)、框架—抗震墙及抗震墙结构。其最大高度(或层数)应符合下列规定。

(1)A类钢筋混凝土房屋抗震鉴定时，房屋的总层数不超过10层。

(2)B类钢筋混凝土房屋抗震鉴定时，房屋适用的最大高度应符合表2-14的要求，对不规则结构、有框支层抗震墙结构或Ⅳ类场地上的结构，适用的最大高度应适当降低。

表2-14　B类现浇钢筋混凝土房屋适用的最大高度(m)

结构类型	烈度			
	6度	7度	8度	9度
框架结构	同非抗震设计	55	45	25
框架—抗震墙结构		120	100	50
抗震墙结构		120	100	60
框支抗震墙结构	120	100	80	不应采用

注：(1)房屋高度指室外地面到主要屋面板板顶的高度(不包括局部突出屋顶部分)；

(2)本章中的“抗震墙”指结构抗侧力体系中的钢筋混凝土剪力墙，不包括只承担重力荷载的混凝土墙。

八、A 类钢筋混凝土房屋抗震性能鉴定

(一)A 类钢筋混凝土房屋第一级抗震鉴定

现有 A 类钢筋混凝土房屋的结构体系应符合下列规定。

(1)框架结构宜为双向框架,装配式框架有整浇节点,8、9 度时不应为铰接节点。

(2)框架结构不宜为单跨框架;乙类设防时,不应为单跨框架结构,且 8、9 度时按梁柱的实际配筋、柱轴向力计算的框架柱的弯矩增大系数宜大于 1.1。

(3)8、9 度时,现有结构体系宜按下列规则性的要求检查:

①平面局部突出部分的长度不宜大于宽度,且不宜大于该方向总长度的 30%;

②立面局部缩进的尺寸不宜大于该方向水平总尺寸的 25%。

(4)楼层刚度不宜小于其相邻上层刚度的 70%,且连续三层总的刚度降低不宜大于 50%。

(5)无砌体结构相连,且平面内的抗侧力构件及质量分布宜基本均匀对称。

(6)抗震墙之间无大洞口的楼、屋盖的长宽比不宜超过表 2-15 的规定,超过时应考虑楼盖平面内变形的影响。

表 2-15 A 类钢筋混凝土房屋抗震墙无大洞口的楼盖、屋盖的长宽比

楼盖、屋盖类别	烈度	
	8 度	9 度
现浇、叠合梁板	3.0	2.0

(7)8 度时,厚度不小于 240 mm、砌筑砂浆强度等级不低于 M2.5 的抗侧力黏土砖填充墙,其平均间距应不大于表 2-16 规定的限值。

表 2-16　抗侧力黏土砖填充墙平均间距的限值

总层数	三	四	五	六
间距(m)	17	14	12	11

梁、柱、墙实际达到的混凝土强度等级,6、7 度时不应低于 C13,8、9 度时不应低于 C18。

6 度和 7 度Ⅰ、Ⅱ类场地时,框架结构应按下列规定检查。

①框架梁柱的纵向钢筋和横向箍筋的配置应符合非抗震设计的要求,其中,梁纵向钢筋在柱内的锚固长度,HPB235 级钢筋不宜小于纵向钢筋直径的 25 倍,HRB335 级钢筋不宜小于纵向钢筋直径的 30 倍,混凝土强度等级为 C13 时,锚固长度应相应增加纵向钢筋直径的 5 倍。

②6 度乙类设防时,框架的中柱和边柱纵向钢筋的总配筋率不应少于 0.5%,角柱不应少于 0.7%,箍筋最大间距不宜大于 8 倍纵向钢筋直径且不大于 150 mm,最小直径不宜小于 6 mm。

7 度Ⅲ、Ⅳ类场地和 8、9 度时,框架梁柱的配筋尚应着重按下列要求检查。

①梁两端在梁高各一倍范围内的箍筋间距,8 度时不应大于 200 mm,9 度时不应大于 150 mm。

②在柱的上、下端,柱净高各 1/6 的范围内,丙类设防时,7 度Ⅲ、Ⅳ类场地和 8 度时,箍筋直径不应小于 φ6,间距不应大于 200 mm;9 度时,箍筋直径不应小于 φ8,间距不应大于 150 mm;乙类设防时,框架柱箍筋的最大间距和最小直径,宜按当地设防烈度和表 2-17 的要求检查。

表 2-17　乙类设防时框架柱箍筋的最大间距和最小直径

烈度和场地	7 度(0.10 g)～7 度(0.15 g)Ⅰ、Ⅱ类场地	7 度(0.15 g)Ⅲ、Ⅳ场地～8 度(0.30 g)Ⅰ、Ⅱ类场地	8 度(0.30 g)Ⅲ、Ⅳ类场地和 9 度
箍筋最大间距(取较大值)	$8d$,150 mm	$8d$,100 mm	$6d$,100 mm
箍筋最小直径	8 mm	8 mm	10 mm

注:d 为纵向钢筋直径。

③净高与截面高度之比不大于4的柱，包括因嵌砌黏土砖填充墙形成的短柱，沿柱全高范围内的箍筋直径不应小于$\varphi8$，箍筋间距，8度时不应大于150 mm，9度时不应大于100 mm。

④框架角柱纵向钢筋的总配筋率，8度时不宜小于0.8%，9度时不宜小于1.0%；其他各柱纵向钢筋的总配筋率，8度时不宜小于0.6%，9度时不宜小于0.8%。

⑤框架柱截面宽度不宜小于300 mm，8度Ⅲ、Ⅳ类场地和9度时不宜小于400 mm；9度时，柱的轴压比不应大于0.8。

8、9度时，框架—抗震墙的墙板配筋与构造应按下列要求检查。

①抗震墙的周边宜与框架梁柱形成整体或有加强的边框。

②墙板的厚度不宜小于140 mm，且不宜小于墙板净高的1/30，墙板中竖向及横向钢筋的配筋率均不应小于0.15%。

③墙板与楼板的连接，应能可靠地传递地震作用。

框架结构利用山墙承重时，山墙应有钢筋混凝土壁柱与框架梁可靠连接；当不符合时，8、9度应加固。

砖砌体填充墙、隔墙与主体结构的连接应按下列要求检查。

①考虑填充墙抗侧力作用时，填充墙的厚度，6～8度时不应小于180 mm，9度时不应小于240 mm；砂浆强度等级，6～8度时不应低于M2.5，9度时不应低于M5；填充墙应嵌砌于框架平面内。

②填充墙沿柱高每隔600 mm左右应有$2\varphi6$拉筋伸入墙内，8、9度时伸入墙内的长度不宜小于墙长的1/5且不小于700 mm；当墙高大于5 m时，墙内宜有连系梁与柱连接；对于长度大于6 m的黏土砖墙或长度大于5 m的空心砖墙，8、9度时墙顶与梁应有连接。

③房屋的内隔墙应与两端的墙或柱有可靠连接；当隔墙长度大于6 m，8、9度时墙顶尚应与梁板连接。

钢筋混凝土房屋符合本节上述各项规定可评为综合抗震能力满足要求；当遇下列情况之一时，可不再进行第二级鉴定，但应评为综合抗震能力不满足抗震要求，且应对房屋采取加固或其他相应措施。

①梁柱节点构造不符合要求的框架及乙类的单跨框架结构。

②8、9 度时混凝土强度等级低于 C13。

③与框架结构相连的承重砌体结构不符合要求。

④仅有女儿墙、门脸、楼梯间填充墙等非结构构件不符合《建筑抗震鉴定标准》(GB 50023—2009)第 5.2.8 条第 2 款的有关要求。

⑤本节的其他规定有多项明显不符合要求。

(二)A 类钢筋混凝土房屋第二级抗震鉴定

A 类钢筋混凝土房屋,可采用平面结构的楼层综合抗震能力指数进行第二级鉴定。也可按现行国家标准《建筑抗震设计规范》(GB 50011—2010)的方法进行抗震计算分析,计算时构件组合内力设计值不做调整;尚应按《建筑抗震鉴定标准》(GB 50023—2009)第 6.2 节的规定估算构造的影响,由综合评定进行第二级鉴定。

现有钢筋混凝土房屋采用楼层综合抗震能力指数进行第二级鉴定时,应分别选择下列平面结构。

(1)应至少在两个主轴方向分别选取有代表性的平面结构。

(2)框架结构与承重砌体结构相连时,除应符合本条第 1 款的规定外,尚应选取连接处的平面结构。

(3)有明显扭转效应时,除应符合本条第 1 款的规定外,尚应选取计入扭转影响的边榀结构。

楼层综合抗震能力指数可按下列公式计算:

$$\beta=\psi_1\psi_2\xi_y \tag{2-18}$$

$$\xi_y=V_y/V_e \tag{2-19}$$

式中:

β——平面结构楼层综合抗震能力指数;

ψ_1——体系影响系数;

ψ_2——局部影响系数;

ξ_y——楼层屈服强度系数;

V_y——楼层现有受剪承载力;

V_e——楼层的弹性地震剪力。

A 类钢筋混凝土房屋的体系影响系数可根据结构体系、梁柱箍筋、轴压比等符合第一级鉴定要求的程度和部位，按下列情况确定。

(1)当上述各项构造均符合现行国家标准《建筑抗震设计规范》(GB 50011—2010)的规定时，可取1.4。

(2)当各项构造均符合《建筑抗震鉴定标准》(GB 50023—2009)B类建筑的规定时，可取1.25。

(3)当各项构造均符合本节第一级鉴定的规定时，可取1.0。

(4)当各项构造均符合非抗震设计规定时，可取0.8。

(5)当结构受损伤或发生倾斜而已修复纠正，上述数值宜乘以0.8～1.0。

局部影响系数可根据局部构造不符合第一级鉴定要求的程度，采用下列三项系数选定后的最小值。

(1)与承重砌体结构相连的框架，取0.8～0.95。

(2)填充墙等与框架的连接不符合第一级鉴定要求，取0.7～0.95。

(3)抗震墙之间楼、屋盖长宽比超过表2-15的规定值，可按超过的程度，取0.6～0.9。

楼层的弹性地震剪力，对规则结构可采用底部剪力法计算，地震作用按《建筑抗震鉴定标准》(GB 50023—2009)第3.0.5条的规定计算，地震作用分项系数取1.0；对考虑扭转影响的边榀结构，可按现行国家标准《建筑抗震设计规范》(GB 50011—2010)规定的方法计算。当场地处于《建筑抗震鉴定标准》(GB 50023—2009)第4.1.3条规定的不利地段时，地震作用尚应乘以增大系数1.1～1.6。

符合下列规定之一的多层钢筋混凝土房屋，可评定为满足抗震鉴定要求；当不符合时应要求采取加固或其他相应措施。

(1)楼层综合抗震能力指数不小于1.0的结构。

(2)按本标准第3.0.5条规定进行抗震承载力验算并满足要求的其他结构。

九、B类钢筋混凝土房屋抗震性能鉴定

(一)B类钢筋混凝土房屋第一级抗震鉴定

现有B类钢筋混凝土房屋的抗震鉴定，应按表2-18确定鉴定时所采用的抗震等级，并按其所属抗震等级的要求核查抗震构造措施。

表 2-18　钢筋混凝土结构的抗震等级

<table>
<tr><td colspan="2" rowspan="2">结构类型</td><td colspan="9">烈度</td></tr>
<tr><td colspan="2">6 度</td><td colspan="2">7 度</td><td colspan="3">8 度</td><td colspan="2">9 度</td></tr>
<tr><td rowspan="2">框架结构</td><td>房屋高度(m)</td><td>≤25</td><td>>25</td><td>≤35</td><td>>35</td><td>≤35</td><td colspan="2">>35</td><td colspan="2">≤25</td></tr>
<tr><td>框架</td><td>四</td><td>三</td><td>三</td><td>二</td><td>二</td><td colspan="2">一</td><td colspan="2">一</td></tr>
<tr><td rowspan="3">框架—抗震墙结构</td><td>房屋高度(m)</td><td>≤50</td><td>>50</td><td>≤60</td><td>>60</td><td><50</td><td>50～80</td><td>>80</td><td>≤25</td><td>>25</td></tr>
<tr><td>框架</td><td>四</td><td>三</td><td>三</td><td>二</td><td>三</td><td>二</td><td>一</td><td>二</td><td>一</td></tr>
<tr><td>抗震墙</td><td colspan="2">三</td><td colspan="2">二</td><td>二</td><td colspan="2">一</td><td colspan="2">一</td></tr>
<tr><td rowspan="4">抗震墙结构</td><td>房屋高度(m)</td><td>≤60</td><td>>60</td><td>≤80</td><td>>80</td><td><35</td><td>35～80</td><td></td><td></td><td></td></tr>
<tr><td>一般抗震墙</td><td>四</td><td>三</td><td>三</td><td>二</td><td>三</td><td>二</td><td></td><td></td><td></td></tr>
<tr><td>有框支层的落地抗震墙底部加强部位</td><td>三</td><td>二</td><td colspan="2">二</td><td>二</td><td>一</td><td rowspan="2">不宜采用</td><td colspan="2" rowspan="2">不应采用</td></tr>
<tr><td>框支层框架</td><td>三</td><td>二</td><td>二</td><td>一</td><td>二</td><td>一</td></tr>
</table>

注:乙类设防时,抗震等级应提高 1 度查表。

现有房屋的结构体系应按下列规定检查。

(1)框架结构不宜为单跨框架;乙类设防时不应为单跨框架结构,且 8、9 度时按梁柱的实际配筋、柱轴向力计算的框架柱的弯矩增大系数宜大于 1.1。

(2)结构布置宜按《建筑抗震鉴定标准》(GB 50023—2009)第 6.2.1 条的要求检查其规则性,不规则房屋设有防震缝时,其最小宽度应符合现行国家标准《建筑抗震设计规范》(GB 50011—2010)的要求,并提高相关部位的鉴定要求。

(3)钢筋混凝土框架房屋的结构布置的检查,应按下列规定。

①框架应双向布置,框架梁与柱的中线宜重合。

②梁的截面宽度不宜小于 200 mm;梁截面的高宽比不宜大于 4;梁净跨与截面高度之比不宜小于 4。

③柱的截面宽度不宜小于 300 mm，柱净高与截面高度(圆柱直径)之比不宜小于 4。

④柱轴压比不宜超过表 2-19 的规定，超过时宜采取措施；柱净高与截面高度(圆柱直径)之比小于 4、Ⅳ类场地上较高的高层建筑的柱轴压比限值应适当减小。

表 2-19　轴压比限值

类别	抗震等级		
	一	二	三
框架柱	0.7	0.8	0.9
框架—抗震墙的柱	0.9	0.9	0.95
框支柱	0.6	0.7	0.8

(4)钢筋混凝土框架—抗震墙房屋的结构布置应按下列规定检查：

①抗震墙宜双向设置，框架梁与抗震墙的中线宜重合；

②抗震墙宜贯通房屋全高，且横向与纵向相连；

③房屋较长时，纵向抗震墙不宜设置在端开间；

④抗震墙之间无大洞口的楼、屋盖的长宽比不宜超过表 2-20 的规定，超过时应计入楼盖平面内变形的影响。

表 2-20　B 类钢筋混凝土房屋抗震墙无大洞口的楼、屋盖长宽比

楼、屋盖类别	烈度			
	6 度	7 度	8 度	9 度
现浇、叠合梁板	4.0	4.0	3.0	2.0
装配式楼盖	3.0	3.0	2.5	不宜采用
框支层现浇梁板	2.5	2.5	2.0	不宜采用

(5)抗震墙墙板厚度不应小于 160 mm 且不小于层高的 1/20，在墙板周边应有梁(或暗梁)和端柱组成的边框。

钢筋混凝土抗震墙房屋的结构布置应按下列规定检查：

①较长的抗震墙宜分成较均匀的若干墙段，各墙段（包括小开洞墙及联肢墙）的高宽比不宜小于2；

②抗震墙有较大洞口时，洞口位置宜上下对齐；

③一、二级抗震墙和三级抗震墙加强部位的各墙肢应有翼墙、端柱或暗柱等边缘构件，暗柱或翼墙的截面范围按现行国家标准《建筑抗震设计规范》（GB 50011—2010）的规定检查；

④两端有翼墙或端柱的抗震墙墙板厚度，一级不应小于160 mm，且不宜小于层高的1/20，二、三级不应小于140 mm，且不宜小于层高的1/25。

注：加强部位取墙肢总高度的1/8和墙肢宽度的较大值，有框支层时不小于到框支层上一层的高度。

房屋底部有框支层时，框支层的刚度不应小于相邻上层刚度的50%；落地抗震墙间距不宜大于四开间和24 m的较小值，且落地抗震墙之间的楼盖长宽比不应超过表2-20规定的数值。

抗侧力黏土砖填充墙应符合下列要求：

①二级且层数不超过五层、三级且层数不超过八层和四级的框架结构，可计入黏土砖填充墙的抗侧力作用；

②填充墙的布置应符合框架—抗震墙结构中对抗震墙的设置要求；

③填充墙应嵌砌在框架平面内并与梁柱紧密结合，墙厚不应小于240 mm，砂浆强度等级不应低于M5，宜先砌墙后浇框架。

梁、柱、墙实际达到的混凝土强度等级不应低于C20。一级的框架梁、柱和节点不应低于C30。

现有框架梁的配筋与构造应按下列要求检查。

（1）梁端纵向受拉钢筋的配筋率不宜大于2.5%，且混凝土受压区高度和有效高度之比，一级不应大于0.25，二、三级不应大于0.35。

（2）梁端截面的底面和顶面实际配筋量的比值，除按计算确定外，一级不应小于0.5，二、三级不应小于0.3。

（3）梁端箍筋实际加密区的长度、箍筋最大间距和最小直径应按表2-21的要求检查，当梁端纵向受拉钢筋配筋率大于2%时，表中箍筋最小直径数值应增大 2 mm。

(4)梁顶面和底面的通长钢筋，一、二级不应少于 $2\varphi14$，且不应少于梁端顶面和底面纵向钢筋中较大截面面积的 1/4，三、四级不应少于 $2\varphi12$。

(5)加密区箍筋肢距，一、二级不宜大于 200 mm，三、四级不宜大于 250 mm。

表 2-21 梁加密区的长度、箍筋最大间距和最小直径

抗震等级	加密区长度（采用最大值）(mm)	箍筋最大间距（采用较小值）(mm)	箍筋最小直径(mm)
一	$2h_b$,500	$h_b/4$,$6d$,100	10
二	$1.5h_b$,500	$h_b/4$,$8d$,100	8
三	$1.5h_b$,500	$h_b/4$,$8d$,150	8
四	$1.5h_b$,500	$h_b/4$,$8d$,150	6

注：d 为纵向钢筋直径；h_b 为梁高。

现有框架柱的配筋与构造应按下列要求检查。

(1)柱实际纵向钢筋的总配筋率不应小于表 2-22 的规定，对Ⅳ类场地上较高的高层建筑，表中的数值应增加 0.1。

表 2-22 柱纵向钢筋的最小总配筋率(百分率)

类别	抗震等级			
	一	二	三	四
框架中柱和边柱	0.8	0.7	0.6	0.5
框架角柱、框支柱	1.0	0.9	0.8	0.7

(2)柱箍筋在规定的范围内应加密，加密区的箍筋最大间距和最小直径，不宜低于表 2-23 的要求。

表 2-23　柱加密区的箍筋最大间距和最小直径

抗震等级	箍筋最大间距(采用较小值)(mm)	箍筋最小直径(mm)
一	$6d$,100	10
二	$8d$,100	8
三	$8d$,150	8
四	$8d$,150	8

注:(1)d 为柱纵筋最小直径;

(2)二级框架柱的箍筋直径不小于 10 mm 时,最大间距应允许为 150 mm;

(3)三级框架柱的截面尺寸不大于 400 mm 时,箍筋最小直径应允许为 6 mm;

(4)框支柱和剪跨比不大于 2 的柱,箍筋间距不应大于 100 mm。

(3)柱箍筋的加密区范围,应按下列规定检查:

①柱端,为截面高度(圆柱直径)、柱净高的 1/6 和 500 mm 三者的最大值;

②底层柱为刚性地面上下各 500 mm;

③柱净高与柱截面高度之比小于 4 的柱(包括因嵌砌填充墙等形成的短柱)、框支柱、一级框架的角柱,为全高。

(4)柱加密区的箍筋最小体积配箍率,不宜小于表 2-24 规定。一、二级时,净高与柱截面高度(圆柱直径)之比小于 4 的柱的体积配箍率,不宜小于 1.0%。

(5)柱加密区箍筋肢距,一级不宜大于 200 mm,二级不宜大于 250 mm,三、四级不宜大于 300 mm,且每隔一根纵向钢筋宜在两个方向有箍筋约束。

(6)柱非加密区的实际箍筋量不宜小于加密区的 50%,且箍筋间距,一、二级不应大于 10 倍纵向钢筋直径,三级不应大于 15 倍纵向钢筋直径。

表 2-24　柱加密区的箍筋最小体积配箍率(%)

抗震等级	箍筋形式	柱轴压比		
		<0.4	0.4～0.6	>0.6
一	普通箍、复合箍	0.8	1.2	1.6
	螺旋箍	0.8	1.0	1.2
二	普通箍、复合箍	0.6～0.8	0.8～1.2	1.2～1.6
	螺旋箍	0.6	0.8～1.0	1.0～1.2
三	普通箍、复合箍	0.4～0.6	0.6～0.8	0.8～1.2
	螺旋箍	0.4	0.6	0.8

注:(1)表中的数值适用于 HPB235 级钢筋、混凝土强度等级不高于 C35 的情况,对 HRB335 级钢筋和混凝土强度等级高于 C35 的情况可按强度相应换算,但不应小于 0.4;
(2)井字复合箍的肢距不大于 200 mm 且直径不小于 10 mm 时,可采用表中螺旋箍对应数。

框架节点核芯区内箍筋的最大间距和最小直径宜按表 2-23 检查,一、二、三级的体积配箍率分别不宜小于 1.0%、0.8%、0.6%,但轴压比小于 0.4 时仍按表 2-24 检查。

抗震墙墙板的配筋与构造应按下列要求检查。

(1)抗震墙墙板横向、竖向分布钢筋的配筋,均应符合表 2-25 的要求;Ⅳ类场地上三级的高层建筑,其一般部位的分布钢筋最小配筋率不应小于 0.2%。框架—抗震墙结构中的抗震墙板,其横向和竖向分布筋均不应小于 0.25%。

表 2-25　抗震墙墙板横向、竖向分布钢筋的配筋要求

抗震等级	最小配筋率(%)		最大间距(mm)	最小直径(mm)
	一般部位	加强部位		
一	0.25	0.25	300	8
二	0.20	0.25		
三、四	0.15	0.20		

(2)抗震墙边缘构件的配筋,应符合表2-26的要求;框架—抗震墙端柱在全高范围内箍筋,均应符合表2-26中底部加强部位的要求。

(3)抗震墙的竖向和横向分布钢筋,一级的所有部位和二级的加强部位,应为双排布置,二级的一般部位和三、四级的加强部位宜为双排布置。双排分布钢筋间拉筋的间距不应大于600 mm,且直径不小于6 mm,对底部加强部位,拉筋间距适当加密。

表2-26　抗震墙边缘构件的配筋要求

抗震等级	底部加强部位			其他部位		
	纵向钢筋最小量(取较大值)	箍筋或拉筋		纵向钢筋最小量	箍筋或拉筋	
		最小直径(mm)	最大间距(mm)		最小直径(mm)	最大间距(mm)
一	$0.010A_c$ $4\varphi16$	8	100	$0.008A_c$ $4\varphi14$	8	150
二	$0.008A_c$ $4\varphi14$	8	150	$0.006A_c$ $4\varphi12$	8	200
三	$0.005A_c$ $2\varphi14$	6	150	$0.004A_c$ $2\varphi12$	6	200
四	$2\varphi12$	6	200	$2\varphi12$	6	250

注:A_c为边缘构件的截面面积。

钢筋的接头和锚固应符合现行国家标准《混凝土结构设计规范》(GB 50010—2010)的要求。

填充墙应按下列要求检查。

(1)砌体填充墙在平面和竖向的布置,宜均匀对称。

(2)砌体填充墙,宜与框架柱柔性连接,但墙顶应与框架紧密结合。

(3)砌体填充墙与框架为刚性连接时,应符合下列要求。

①沿框架柱高每隔500 mm有$2\varphi6$拉筋,拉筋伸入填充墙内长度,一、二级框架宜沿墙全长拉通;三、四级框架不应小于墙长的1/5且不小于700 mm。

②墙长度大于5 m时,墙顶部与梁宜有拉结措施,墙高度超过4 m时,宜在墙高中部有与柱连接的通长钢筋混凝土水平系梁。

（二）B类钢筋混凝土房屋第二级抗震鉴定

现有钢筋混凝土房屋，应根据现行国家标准《建筑抗震设计规范》（GB 50011—2010）的方法进行抗震分析，按《建筑抗震鉴定标准》（GB 50023—2009）第3.0.5条规定进行构件承载力验算，乙类框架结构尚应进行变形验算；当抗震构造措施不满足《建筑抗震鉴定标准》（GB 50023—2009）第6.3节的要求时，可按《建筑抗震鉴定标准》（GB 50023—2009）第6.2节的方法计入构造的影响进行综合评价。

构件截面抗震验算时，其组合内力设计值的调整应符合《建筑抗震鉴定标准》（GB 50023—2009）附录D的规定，截面抗震验算应符合《建筑抗震鉴定标准》（GB 50023—2009）附录E的规定。

当场地处于《建筑抗震鉴定标准》（GB 50023—2009）第4.1.3条规定的不利地段时，地震作用应乘以增大系数1.1～1.6。

考虑黏土砖填充墙抗侧力作用的框架结构，可按《建筑抗震鉴定标准》（GB 50023—2009）附录F进行抗震验算。

B类钢筋混凝土房屋的体系影响系数，可根据结构体系、梁柱箍筋、轴压比、墙体边缘构件等符合鉴定要求的程度和部位，按下列情况确定。

（1）当上述各项构造均符合现行国家标准《建筑抗震设计规范》（GB 50011—2010）的规定时，可取1.1。

（2）当各项构造均符合本节的规定时，可取1.0。

（3）当各项构造均符合A类钢筋混凝土房屋鉴定的规定时，可取0.8。

（4）当结构受损伤或发生倾斜而已修复纠正时，上述数值宜乘以0.8～1.0。

十、C类钢筋混凝土房屋抗震性能鉴定

C类钢筋混凝土房屋抗震性能鉴定应按现行国家标准《建筑抗震设计规范》（GB 50011—2010）的要求进行。

第三章　砌体结构房屋主体结构安全性与抗震性能鉴定方法

砌体结构是指建筑物中竖向承重结构的墙采用砖或者砌块砌筑，构造柱以及横向承重的梁、楼板、屋面板等采用钢筋混凝土结构。也就是说砖混结构是以小部分钢筋混凝土及大部分砖墙承重的结构。根据砌体结构的受力体系特点，检测鉴定的重点为地基基础对上部结构的影响，砌筑砂浆的抗压强度，砖或砌块的抗压强度，梁、柱、板的混凝土强度，整体外观质量，钢筋配置，构造柱及圈梁的配置情况，结构体系的规则性、整体性等，具体方法如下。

第一节　现场检测方法

一、绘制工程结构现状图

当所要鉴定的工程图纸资料均已缺失时，应现场进行测绘，绘制工程结构现场图。由于工程图纸资料缺失，原有的结构构件尺寸、结构布置、结构体系等数据均已缺失，所以首要的任务就是将现有建筑房屋的结构情况进行复原。一般现场的工作流程为，根据现场情况绘制轴网，然后采用钢卷尺及激光测距仪将框架柱根据现场实际位置测绘到轴网中。测量柱截面尺寸时，应该选取柱的一边测量柱中部、下部及其他部位，取 3 点的平均值。将框架梁截面尺寸确定好以后，根据与相应柱的相对位置，测绘到柱网上，梁高尺寸测量时，量测一侧边跨中及两个距离支座 0.1 m 处，取 3 点的平均值，量测时可取腹板高度加上此处楼板的实测厚度。楼板厚度可采用非金属板厚测试仪进行检测，悬挑板取距离支座 0.1 m 处，沿宽度方向包括中心位置在内的随机3点取平均值，其他楼板，在同一对角线上量测中间及距离两端各0.1 m处，取3点的平均值。[以上具体测量方法依据《混凝土结构工程施工质量验收规范》(GB 50204—2015)附录F]

由于资料全部缺失，无法查明建筑物地基的实际承载情况，此时根据后续使用荷载的情况分为以下两类考虑。第一类，对于鉴定后期使用荷载与之前变化不大时，可根据建筑物上部结构是否存在地基不均匀沉降的反应进行评定，如果上部结构没有发生因地基不均匀沉降导致的一系列现象，则说明在原有荷载的使用情况下，该地基能够有充足的承载能力。如果存在由于不均匀沉降导致上部主体结构存在沉降裂缝，说明在原有荷载使用情况下，该场地地基承载力已不足，那么就需要对该建筑进行沉降观测，如果沉降观测显示没有继续沉降的迹象，说明该建筑地基已趋于稳定，沉降后的地基承载力基本上能满足现有结构的正常使用；如果沉降观测显示还有继续沉降的迹象，说明该建筑地基还没有趋于稳定，现有地基承载力不能满足现有结构的正常使用，此时应该对场地地基进行近位勘察或者沉降观测，根据地质勘察结果确定场地地基的岩土性能标准值和地基承载力特征值，将实际勘察得到场地地基的岩土性能标准值和地基承载力特征值注明在结构现状图中，后期根据上部结构整体计算结果确定应该需要的地基承载力特征值大小，制订地基处理方案。第二类，如果鉴定后期使用荷载与之前变化较大时，应该对场地地基进行近位勘察或者沉降观测，根据地质勘察结果确定场地地基的岩土性能标准值和地基承载力特征值，将实际勘察得到场地地基的岩土性能标准值和地基承载力特征值注明在结构现状图中。

由于资料全部缺失，现有结构的基础形式、尺寸、埋深等均无法确定，此时根据后续使用荷载的情况分两类考虑。第一类，对于鉴定后期使用荷载与之前变化不大时(一般后期使用荷载不超过原有使用荷载的5%)，可根据建筑物上部结构是否存在基础损坏的反应进行评定，如果上部结构没有发生因基础损坏导致的一系列现象，则说明在原有荷载的使用情况下，该基础能够有充足的承载能力。如果存在由于基础损坏导致上部主体结构存在裂缝，说明在原有荷载使用情况下，该基础承载力已不足，此时需要根据上部结构的结构布置，将受力类似的竖向构件归为一个组，然后对该组基础进行开挖1处或2处，将开挖后的基础类型、尺寸、埋深、材料强度等数据绘制到结构现状图中。第二类，如果鉴定后期使用荷载与之前变化较大时，此时需要根据上部结构的结构布置，将受力类似的竖向构件归为一个组，然后对该组基础进行开挖1处或2处，将开挖后的基础类型、尺寸、埋深、材料强度等数据绘制到结构现状图中。

这样，根据上述几个步骤的操作，所鉴定房屋的基本结构体系、结构布置、楼层数量、构件尺寸等基本参数就可以在结构现状图中绘制出来，同时也为后期的检测鉴定工作提供了帮助和支撑。

当所要鉴定的工程图纸资料完整齐全时，可在现场进行校核性检测，当符合原设计要求时，可采用原设计资料给出的结果，当校核性检测不符合原设计要求时，可根据无设计图纸资料的情况进行详细测绘，绘制结构布置图。

二、检查结构构件外观缺陷、裂缝、变形、损伤、腐蚀和锈蚀

对于砌体结构，主要的外观质量问题有以下几点：地基基础不均匀沉降产生裂缝等问题；房屋使用过程中，由大型机械磕碰、人为破坏导致局部墙体缺失；由于砌体使用时间较长，砌筑砂浆粉化、失去强度；砖过梁跨中发生断裂；预制板跨中产生垂直跨度的裂缝；砌体长期在腐蚀性环境中而发生腐蚀（图3-1～图3-5）。

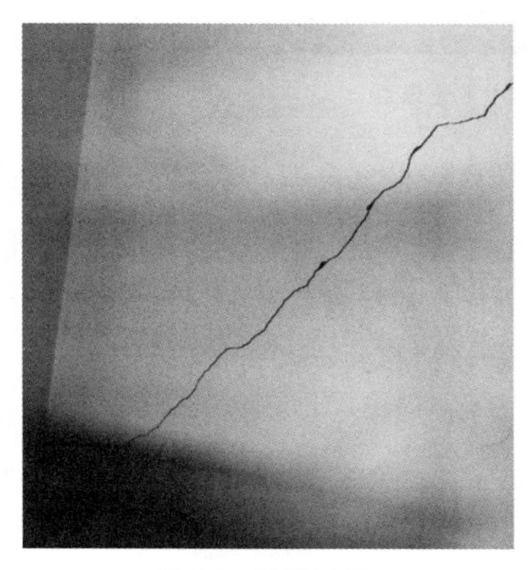

图3-1　沉降裂缝

图3-2　墙体人为破坏缺失

图 3-3　砌筑砂浆粉化

图 3-4　砌体发生腐蚀

图 3-5　砖过梁跨中发生断裂

现场应该参照之前绘制的结构现状图，将每一层每一个构件的外观质量问题进行记录，并对每种质量问题量化测量。对于沉降裂缝等问题，应记录裂缝的宽度、走向、分布，可通过局部钻芯查看裂缝的深度；对于由大型机械磕碰、人为破坏导致局部墙体缺失，应记录墙体缺失的大小、体积、位置等情况；对于砌筑砂浆粉化、失去强度，应该记录砂浆粉化的深度、范围等情况；对于砖过梁跨中发生断裂，应该记录断裂的位置；对于砌体发生腐蚀等现象，应记录腐蚀发生的范围、腐蚀程度等情况；对于预制板跨中产生垂直跨度的裂缝，应该记录裂缝的宽度、位置等情况。

三、砌体抗压强度强度推定

(一)砌筑砂浆抗压强度检测

测位处应按下列要求进行处理。

(1)粉刷层、勾缝砂浆、污物等应清除干净。

(2)弹击点处的砂浆表面,应仔细打磨平整,并除去浮灰。

(3)磨掉表面砂浆的深度应为5～10 mm,且不应小于5 mm。

每个测位内应均匀布置12个弹击点。选定弹击点应避开砖的边缘、灰缝中的气孔或松动的砂浆。相邻两弹击点的间距不应小于20 mm。

在每个弹击点上,应使用回弹仪连续弹击3次,第1、2次不应读数,仅记读第3次回弹值,回弹值读数估读至1。测试过程中,回弹仪应始终处于水平状态,其轴线垂直于砂浆表面,且不得移位。

在每一测位内,应选择3处灰缝,并采用工具在测区表面打凿出直径约10 mm的孔洞,其深度应大于砌筑砂浆的碳化深度,清除孔洞中的粉末和碎屑,且不得用水擦洗,然后采用浓度为1%～2%的酚酞酒精溶液滴在孔洞内壁边缘处。当已碳化与未碳化界限清晰时,应采用碳化深度测定仪或游标卡尺测量已碳化与未碳化砂浆交界面到灰缝表面的垂直距离。

从每个测位的12个回弹值中,应分别剔除最大值、最小值,将余下的10个回弹值计算算术平均值,应以R表示,并精确至0.1。

每个测位的平均碳化深度,应取该测位各次测量值的算术平均值,以d表示,并精确至0.5 mm。

第i个测区第j个测位的砂浆强度换算值,应根据该测位的平均回弹值和平均碳化深度值,分别按下列公式计算:

$d \leqslant 1.0$ mm时:

$$f_{2ij}=13.97\times 10^{-5}R^{3.57} \tag{3-1}$$

1.0 mm$<d<$3.0 mm时:

$$f_{2ij}=4.85\times 10^{-4}R^{3.04} \tag{3-2}$$

$d \geqslant 3.0$ mm时:

$$f_{2ij}=6.34\times 10^{-5}R^{3.60} \tag{3-3}$$

式中：

f_{2ij}——第 i 个测区第 j 个测位的砂浆强度值(MPa)；

d——第 i 个测区第 j 个测位的平均碳化深度(mm)；

R——第 i 个测区第 j 个测位的平均回弹值。

测区的砂浆抗压强度平均值，应按下式计算：

$$f_{2i}=\frac{1}{n_1}\sum_{j=1}^{n_1}f_{2ij} \tag{3-4}$$

(二)烧结砖抗压强度检测

被检测砖应为外观质量合格的完整砖。砖的条面应干燥、清洁、平整，不应有饰面层、粉刷层，必要时可用砂轮清除表面的杂物，并磨平测面，同时用毛刷刷去粉尘。

在每块砖的测面上应均匀布置 5 个弹击点。选定弹击点时应避开砖表面的缺陷。相邻两弹击点的间距不应小于 20 mm，弹击点离砖边缘不应小于 20 mm，每一弹击点只能弹击一次，回弹值读数估读至 1。测试时，回弹仪应处于水平状态，其轴线垂直于砖的测面。

单个测位的回弹值，应取 5 个弹击点回弹值的平均值。

第 i 测区第 j 个测位的抗压强度换算值，应按下列公式计算：

(1)烧结普通砖：

$$f_{1ij}=2\times10^{-2}R^{2}-0.45R+1.25 \tag{3-5}$$

(2)烧结多孔砖：

$$f_{1ij}=1.70\times10^{-3}R^{2.48} \tag{3-6}$$

式中：

f_{1ij}——第 i 测区第 j 个测位的抗压强度换算值(MPa)；

R——第 i 测区第 j 个测位的平均回弹值。

测区的砖抗压强度平均值，应按下式计算：

$$f_{1i}=\frac{1}{10}\sum_{j=1}^{n_1}f_{1ij} \tag{3-7}$$

本标准所给出的全国统一测强曲线可用于强度为 6～30 MPa 的烧结普通砖和烧结多孔砖的检测。当超出本标准全国统一测强曲线的测强范围时，应进行验证后使用，或制定专用曲线。

(三)强度推定方法

检测数据中的歧离值和统计离群值，应按现行国家标准《数据的统计处理和解释正态样本离群值的判断和处理》(GB/T 4883—2008)中有关格拉布斯检验法或狄克逊检验法检出和剔除。检出水平 α 应取 0.05，剔除水平 α 应取 0.01；不得随意舍去歧离值，从技术或物理上找到产生离群原因时，应予以剔除；未找到技术或物理上的原因时，则不应剔除。

本标准的各种检测方法，应给出每个测点的检测强度值 f_{ij}，以及每一测区的强度平均值 f_i，并以测区强度平均值 f_i 作为代表值。

每一检测单元的强度平均值、标准差和变异系数，应按下列公式计算：

$$\bar{x}=\frac{1}{n_2}\sum_{i=1}^{n_2}f_i \tag{3-8}$$

$$s=\sqrt{\frac{\sum_{i=1}^{n_2}(\bar{x}-f_i)^2}{n_2-1}} \tag{3-9}$$

$$\delta=\frac{s}{\bar{x}} \tag{3-10}$$

式中：

$\bar{x}$——同一检测单元的强度平均值(MPa)。当检测砂浆抗压强度时，$\bar{x}$ 即为 $f_{2,m}$；当检测烧结砖抗压强度时，$\bar{x}$ 即为 $f_{1,m}$；当检测砌体抗压强度时，$\bar{x}$ 即为 f_m；当检测砌体抗剪强度时，$\bar{x}$ 即为 $f_{v,m}$。

n_2——同一检测单元的测区数。

f_i——测区的强度代表值(MPa)。当检测砂浆抗压强度时，f_i 即为 f_{2i}；当检测烧结砖抗压强度时，f_i 即为 f_{1i}；当检测砌体抗压强度时，f_i 即为 f_{mi}；当检测砌体抗剪强度时，f_i 即为 f_{vi}。

s——同一检测单元，按 n_2 个测区计算的强度标准差(MPa)。

δ——同一检测单元的强度变异系数。

对在建或新建砌体工程，当需推定砌筑砂浆抗压强度值时，可按下列公式计算：

(1)当测区数 n_2 不小于6时,应取下列公式中的较小值:

$$f_2' = 0.91 f_{2,m} \tag{3-11}$$

$$f_2' = 1.18 f_{2,\min} \tag{3-12}$$

式中:

f_2'——砌筑砂浆抗压强度推定值(MPa);

$f_{2,\min}$——同一检测单元,测区砂浆抗压强度的最小值(MPa)。

(2)当测区数 n_2 小于6时,可按下式计算:

$$f_2' = f_{2,\min} \tag{3-13}$$

对既有砌体工程,当需推定砌筑砂浆抗压强度值时,应符合下列要求。

(1)按国家标准《砌体工程施工质量验收规范》(GB 50203—2002)及之前实施的砌体工程施工质量验收规范的有关规定修建时,应按下列公式计算。

①当测区数 n_2 不小于6时,应取下列公式中的较小值:

$$f_2' = f_{2,m} \tag{3-14}$$

$$f_2' = 1.33 f_{2,\min} \tag{3-15}$$

②当测区数 n_2 小于6时,可按下列公式计算:

$$f_2' = f_{2,\min} \tag{3-16}$$

(2)按《砌体结构工程施工质量验收规范》(GB 50203—2011)的有关规定修建时,可按《砌体工程现场检测技术标准》(GB/T 50315—2011)第15.0.4条的规定推定砌筑砂浆强度值。

当砌筑砂浆强度检测结果小于2.0 MPa或大于15 MPa时,不宜给出具体检测值,可仅给出检测值范围 $f_2 < 2.0$ MPa或 $f_2 > 15$ MPa。

砌筑砂浆强度的推定值,宜相当于被测墙体所用块体作底模的同龄期、同条件养护的砂浆试块强度。

当需要推定每一检测单元的砌体抗压强度标准值或砌体沿通缝截面的抗剪强度标准值时,应分别按下列要求进行推定。

①当测区数 n_2 不小于6时,可按下列公式推定:

$$f_k = f_m - k \cdot s \tag{3-17}$$

$$f_{v,k} = f_{v,\mathrm{m}} - k \cdot s \tag{3-18}$$

式中：

f_k——砌体抗压强度标准值(MPa)；

f_m——同一检测单元的砌体抗压强度平均值(MPa)；

$f_{v,k}$——砌体抗剪强度标准值(MPa)；

$f_{v,m}$——同一检测单元的砌体沿通缝截面的抗剪强度平均值(MPa)；

k——与 a、C、n_2 有关的强度标准值计算系数，应按表 3-1 取值；

α——确定强度标准值所取的概率分布下分位数，取 0.05；

C——置信水平，取 0.60。

表 3-1　计算系数

n_2	6	7	8	9	10	12	15	18
k	1.947	1.908	1.880	1.858	1.841	1.816	1.790	1.773
n_2	20	25	30	35	40	45	50	
k	1.764	1.748	1.736	1.728	1.721	1.716	1.712	

②当测区数 n_2 小于 6 时，可按下列公式推定：

$$f_k = f_{mi,\min} \tag{3-19}$$

$$f_{v,k} = f_{vi,\min} \tag{3-20}$$

式中：

$f_{mi,\min}$——同一检测单元中，测区砌体抗压强度的最小值(MPa)；

$f_{vi,\min}$——同一检测单元中，测区砌体抗剪强度的最小值(MPa)。

③每一检测单元的砌体抗压强度或抗剪强度，当检测结果的变异系数 δ 分别大于 0.2 或 0.25 时，不宜直接按式(3-17)或式(3-18)计算，应检查检测结果离散性较大的原因，若查明系混入不同母体所致，宜分别进行统计，并分别按式(3-17)～式(3-20)确定本标准值。如确系变异系数过大，则应按式(3-19)和式(3-20)确定本标准值。

既有砌体工程，当采用回弹法检测烧结砖抗压强度时，每一检测单元的砖抗压强度等级，应符合下列要求。

(1)当变异系数 $\delta \leqslant 0.21$ 时，应按表 3-2、表 3-3 中抗压强度平均值 $f_{1,m}$、

抗压强度标准值 f_{1k} 推定每一检测单元的砖抗压强度等级。每一检测单元的砖抗压强度标准值，应按下列公式计算：

$$f_{1k} = f_{1,m} - 1.8s \tag{3-21}$$

式中：

f_{1k}——同一检测单元的砖抗压强度标准值(MPa)。

表 3-2　烧结普通砖抗压强度等级的推定

抗压强度推定等级	抗压强度平均值 $f_{1,m} \geqslant$	变异系数 $\delta \leqslant 0.21$	变异系数 $\delta > 0.21$
		抗压强度标准值 $f_{1k} \geqslant$	抗压强度的最小值 $f_{1,\min} \geqslant$
MU25	25.0	18.0	22.0
MU20	20.0	14.0	16.0
MU15	15.0	10.0	12.0
MU10	10.0	6.5	7.5
MU7.5	7.5	5.0	5.5

表 3-3　烧结多孔砖抗压强度等级的推定

抗压强度推定等级	抗压强度平均值 $f_{1,m} \geqslant$	变异系数 $\delta \leqslant 0.21$	变异系数 $\delta > 0.21$
		抗压强度标准值 $f_{1k} \geqslant$	抗压强度的最小值 $f_{1,\min} \geqslant$
MU30	30.0	22.0	25.0
MU25	25.0	18.0	22.0
MU20	20.0	14.0	16.0
MU15	15.0	10.0	12.0
MU10	10.0	6.5	7.5

(2)当变异系数 $\delta \leqslant 0.21$ 时，应按表 3-2、表 3-3 中抗压强度平均值 $f_{1,m}$、以测区为单位统计的抗压强度最小值 $f_{1i,\min}$，推定每一测区的砖抗压强度等级。

各种检测强度的最终计算或推定结果，砌体的抗压强度和抗剪强度均应精确至 0.01 MPa，砌筑砂浆强度应精确至 0.1 MPa。

(四)回弹结合老龄混凝土修正法检测混凝土强度

(1)对于砌体结构中的混凝土构件，截面一般较小，取芯检测的破坏性相对较大，一般采用《民用建筑可靠性鉴定标准》(GB 50292—2015)附录 K 给出的方法。

(2)可以对采用普通回弹法得到的测区混凝土抗压强度换算值乘以表 3-4 中的修正系数予以修正。

表 3-4　混凝土抗压强度换算值龄期修正系数

龄期(d)	1 000	2 000	4 000	6 000	8 000	10 000	15 000	20 000	30 000
修正系数 α_n	1.00	0.98	0.96	0.94	0.93	0.92	0.89	0.86	0.82

(3)当采用上述方法对回弹法检测得到的测区混凝土抗压强度换算值进行修正时，应符合下列条件。

①龄期已超过 1 000 d，但处于干燥状态的普通混凝土；

②混凝土外观质量正常，未受环境介质作用的侵蚀；

③经超声波或其他探测法检测结果表明，混凝土内部无明显的不密实区和蜂窝状局部缺失；

④混凝土抗压强度等级在 C20 级～C50 级之间，且实测的碳化深度已大于 6 mm。

但检验批所回弹构件的每个测区的混凝土抗压强度换算值都修正完成以后，可以按照式(2-7)～式(2-11)的要求进行推定，最终得出一个检验批的混凝土抗压强度推定值。

经过上述方法得到的混凝土抗压强度推定值可在后期的结构承载力计算中使用。

(五)钢筋保护层厚度

混凝土保护层厚度的检测宜采用钢筋探测仪进行并通过剔凿原位检测

法进行验证。那么,如何确定一个图纸资料全部缺失的建筑的保护层厚度呢?根据《混凝土结构现场检测技术标准》(GB/T 50784—2013)第9.3.5条的要求,可以将钢筋混凝土框架房屋的柱、梁、板、墙分别划分为一个检验批,检验批划分好以后,根据表3-5要求,按照A类要求确定受检构件的数量。

表3-5　检验批最小样本容量

检验批的容量	检测类别和样本最小容量			检验批的容量	检测类别和样本最小容量		
	A	B	C		A	B	C
5～8	2	2	3	91～150	8	20	32
9～15	2	3	5	151～280	13	32	50
16～25	3	5	8	281～500	20	50	80
26～50	5	8	13	501～1 200	32	80	125
51～90	5	13	20	—	—	—	—

注:(1)检测类别A适用于工程质量检测,检测类别B适用于结构性能检测,检测类别C适用于结构质量或性能的严格检测或复检。

(2)无特别说明时,样本单位为构件。

抽取的构件要随机选择,对于梁、柱类应对全部纵向受力钢筋混凝土保护层厚度进行检测;对于墙、板类应抽取不少于6根钢筋(少于6根钢筋时应全检),进行混凝土保护层厚度检测;将各受检钢筋混凝土保护层厚度检测值按下列公式计算均值推定区间:

$$x_{0.05,u}=m-k_{0.05,u}s \tag{3-22}$$

$$x_{0.05,l}=m-k_{0.05,l}s \tag{3-23}$$

式中:

m——保护层厚度平均值(mm);

s——保护层厚度标准差;

$x_{0.05,u}$——特征值推定区间的上限值(mm);

$x_{0.05,l}$——特征值推定区间的下限值(mm);

$k_{0.05,u}$、$k_{0.05,l}$——推定区间上限值与下限值系数,参考《混凝土结构现场检测技术标准》(GB/T 50784—2013)第3.4.6条。

采用上面方法计算出推定区间上限值和下限值时，当均值推定区间上限值与下限值的差值不大于均值的10%时，该批钢筋混凝土保护层厚度检验值可按推定区间上限值或下限值确定；当均值推定区间上限值与下限值的差值大于均值的10%时，宜补充检测或重新划分检验批进行检测。当不具备补充检测或重新检测条件时，应以最不利检测值作为该检验批混凝土保护层厚度检测值。

（六）钢筋力学性能（钢筋的品种）

对于一个工程图纸资料全部缺失的建筑来说，钢筋混凝土构件内部钢筋的力学性能或者说是钢筋的品种无法从资料中得到，只能从实际建筑中进行检测，具体该怎样检测呢？对于既有建筑，《建筑结构检测技术标准》（GB/T 50344—2019）第4.3.1、4.3.2条给出了方法。

第一种方法是直接取样，就是在实际的混凝土构件中，将钢筋剔凿出来，并截取一定长度的钢筋，放到拉力试验机中进行力学性能检测，当检验结论最小值大于国家有关标准的标准值或标准强度时，结构验算时可使用该品种钢筋的标准值或标准强度。此时同品种的主筋数量取样不宜少于2根，取样后，应该采用同种类的钢筋进行加固处理。该方法的优点是可以直接、准确地得到钢筋的力学性能参数，缺点是对结构构件的破坏较大。

第二种方法是直读光谱仪测试钢筋中的主要化学成分，具体是在建筑的钢筋上，切取一小片钢筋材料，然后放到实验室中的光谱仪中进行燃烧，通过对火焰颜色光谱的分析推定出钢筋中的主要化学成分的比例，从而推断出实际的钢筋品种。该方法要求同品种的主筋数量取样不宜少于2根。该方法的优点是破坏性小，缺点是通过让钢筋材料燃烧的光谱进行分析，间接推断出钢筋的品种。

第三种方法是通过测定钢筋表面的硬度来推断时间钢筋的抗拉强度，简单讲就是通过表面硬度推定强度。该方法类似普通回弹法检测混凝土抗压强度的原理。每个得测钢筋应布置一个测区，测区可水平设置，也可向上或向下设置。测区可先用角磨机和钢锉打磨，并分别用粗、细砂纸打磨，直至露出金属光泽。每一个测区布置5个测点，并将所有测点数据的平均值作为该测区的代表值。该方法中同品种的主筋数量取样不宜少于2根。通过对回弹值换算后的强度进行分析，确定钢筋的品种。

（七）钢筋直径

混凝土中钢筋直径宜采用原位实测法检测；当需要取得钢筋截面积精确值时，应采取取样称量法进行检测或采取取样称量法对原位实测法进行验证。当验证表明检测精度满足要求时，可采用钢筋探测仪检测钢筋公称直径。

原位实测法检测混凝土中钢筋直径应符合下列规定：

（1）采用钢筋探测仪确定待检钢筋位置，剔除混凝土保护层，露出钢筋；

（2）用游标卡尺测量钢筋直径，测量精确到 0.1 mm；

（3）同一部位应重复测量 3 次，将 3 次测量结果的平均值作为该测点钢筋直径检测值。

取样称量法检测钢筋直径应符合下列规定：

（1）确定待检测的钢筋位置，沿钢筋走向凿开混凝土保护层，截除长度不小于 300 mm 的钢筋试件；

（2）清理钢筋表面的混凝土，用 12%盐酸溶液进行酸洗，经清水漂净后，用石灰水中和，再以清水冲洗干净；擦干后在干燥器中至少存放 4 h，用天平称重；

（3）钢筋实际直径按下式计算：

$$d = 12.74\sqrt{w/l} \tag{3-24}$$

式中：

d——钢筋实际直径，精确至 0.01 mm；

w——钢筋试件重量，精确至 0.01 g；

l——钢筋试件长度，精确至 0.1 mm。

采用钢筋探测仪检测钢筋公称直径应符合现行行业标准《混凝土中钢筋检测技术规程》(JGJ/T 152—2019)的有关规定。

检验批钢筋直径检测应符合下列规定。

（1）检验批应按钢筋进场批次划分；当不能确定钢筋进场批次时，宜将同一楼层或同一施工段中相同规格的钢筋作为一个检验批。

(2)应随机抽取5个构件,每个构件抽检1根。

(3)应采用原位实测法进行检测。

(4)应将各受检钢筋直径检测值与相应钢筋产品标准进行比较,确定该受检钢筋直径是否符合要求。

(5)当检验批受检钢筋直径均符合要求时,应判定该检验批钢筋直径符合要求;当检验批存在1根或1根以上受检钢筋直径不符合要求时,应判定该检验批钢筋直径不符合要求。

(6)对于判定为符合要求的检验批,可建议采用设计的钢筋直径参数进行结构性能评定;对于判定为不符合要求的检验批,宜补充检测或重新划分检验批进行检测。当不具备补充检测或重新检测条件时,应以最小检测值作为该批钢筋直径检测值。

第二节　安全性鉴定方法

一、构件安全性鉴定

单个构件安全性的鉴定评级,应根据构件的不同种类,分别进行评定。

当验算被鉴定结构或构件的承载能力时,应遵守下列规定。

(1)结构构件验算采用的结构分析方法,应符合国家现行设计规范的规定。

(2)结构构件验算使用的计算模型,应符合其实际受力与构造状况。

(3)结构上的作用应经调查或检测核实,并按本标准附录J的规定取值。

(4)结构构件作用效应的确定,应符合下列要求:

①作用的组合、作用的分项系数及组合值系数,应按现行国家标准《建筑结构荷载规范》(GB 50009—2012)的规定执行;

②当结构受到温度、变形等作用,且对其承载有显著影响时,应计入由之产生的附加内力。

(5)构件材料强度的标准值应根据结构的实际状态按下列原则确定:

①若原设计文件有效，且不怀疑结构有严重的性能退化或设计、施工偏差，可采用原设计的标准值；

②若调查表明实际情况不符合上款的要求，应按本规范附录L的规定进行现场检测，并确定其标准值。

(6)结构或构件的几何参数应采用实测值，并计入锈蚀、腐蚀、腐朽、虫蛀、风化、裂缝、缺陷、损伤以及施工偏差等的影响。

(7)当怀疑设计有错误时，应对原设计计算书、施工图或竣工图，重新进行一次复核。

当需通过荷载试验评估结构构件的安全性时，应按现行专门标准进行。若检验结果表明，其承载能力符合设计和规范要求，可根据其完好程度，定为a_u级或b_u级；若承载能力不符合设计和规范要求，可根据其严重程度，定为c_u级或d_u级。

(一)砌体结构构件安全性按承载力评定

砌体结构构件的安全性鉴定，应按承载能力、构造、不适于承载的位移和裂缝或其他损伤等四个检查项目，分别评定每一受检构件等级，并取其中最低一级作为该构件的安全性等级。

当按承载能力评定砌体结构构件的安全性等级时，应按表3-6的规定分别评定每一验算项目的等级，并取其中最低等级作为该构件承载能力的安全性等级。砌体结构倾覆、滑移、漂浮的验算，应按国家现行有关规范的规定进行。

表3-6　按承载能力评定的砌体构件安全性等级

构件类别	安全性等级			
	a_u级	b_u级	c_u级	d_u级
主要构件及连接	$R/(\gamma_0 S)\geqslant 1.00$	$R/(\gamma_0 S)\geqslant 0.95$	$R/(\gamma_0 S)\geqslant 0.90$	$R/(\gamma_0 S)<0.90$
一般构件	$R/(\gamma_0 S)\geqslant 1.00$	$R/(\gamma_0 S)\geqslant 0.90$	$R/(\gamma_0 S)\geqslant 0.85$	$R/(\gamma_0 S)<0.85$

(二)砌体结构构件安全性按构造评定

当砌体结构构件的安全性按连接及构造评定时，应按表3-7的规定，分别评定两个检查项目的等级，然后取其中较低一级作为该构件的安全性等级。

表 3-7 按连接及构造评定砌体结构构件安全性等级

检查项目	a_u级或b_u级	c_u级或d_u级
墙、柱的高厚比	符合或略不符合国家现行设计规范的要求	不符合国家现行相关规范的规定，且已超过现行国家标准《砌体结构设计规范》(GB 50003)规定限值的10%
连接及构造	连接及砌筑方式正确，构造符合国家现行相关规范规定，无缺陷或仅有局部的表面缺陷，工作无异常	连接及砌筑方式不当，构造有严重缺陷，已导致构件或连接部位开裂、变形、位移、松动，或已造成其他损坏

注：(1)构件支承长度的检查与评定包含在“连接及构造”的项目中；

(2)构造缺陷包括施工遗留的缺陷。

(三)砌体结构构件安全性按不适于承载的位移和裂缝评定

当砌体结构构件安全性按不适于承载的位移或变形评定时，应遵守下列规定。

(1)对墙、柱的水平位移或倾斜，当其实测值大于《民用建筑可靠性鉴定标准》(GB 50292—2015)表7.3.10条所列的限值时，应按下列规定评级。

①若该位移与整个结构有关，应根据《民用建筑可靠性鉴定标准》(GB 50292—2015)第7.3.10条的评定结果，取与上部承重结构相同的级别作为该墙、柱的水平位移等级。

②若该位移只是孤立事件，则应在其承载能力验算中考虑此附加位移的影响。若验算结果不低于b_u级，仍可定为b_u级；若验算结果低于b_u级，应根据其实际严重程度定为c_u级或d_u级。

③若该位移尚在发展，应直接定为d_u级。

(2)除带壁柱墙外，对偏差或使用原因造成的其他柱的弯曲，当其矢高实测值大于柱的自由长度的1/300时，应在其承载能力验算中计入附加弯矩的影响，并根据验算结果按上述第②项的原则评级。

(3)对拱或壳体结构构件出现的下列位移或变形，可根据其实际严重程度定为c_u级或d_u级：

①拱脚或壳的边梁出现水平位移；

②拱轴线或筒拱、扁壳的曲面发生变形。

当砌体结构的承重构件出现下列受力裂缝时，应视为不适于承载的裂缝，并应根据其严重程度评为 c_u 级或 d_u 级。

(1)桁架、主梁支座下的墙、柱的端部或中部，出现沿块材断裂或贯通的竖向裂缝或斜裂缝。

(2)空旷房屋承重外墙的变截面处，出现水平裂缝或沿块材断裂的斜向裂缝。

(3)砖砌过梁的跨中或支座出现裂缝；或虽未出现肉眼可见的裂缝，但发现其跨度范围内有集中荷载。

(4)筒拱、双曲筒拱、扁壳等的拱面、壳面，出现沿拱顶母线或对角线的裂缝。

(5)拱、壳支座附近或支承的墙体上出现沿块材断裂的斜裂缝。

(6)其他明显的受压、受弯或受剪裂缝。

当砌体结构、构件出现下列非受力裂缝时，也应视为不适于承载的裂缝，并根据其实际严重程度评为 c_u 级或 d_u 级。

(1)纵横墙连接处出现通长的竖向裂缝。

(2)承重墙体墙身裂缝严重，且最大裂缝宽度已大于 5 mm。

(3)独立柱已出现宽度大于 1.5 mm 的裂缝，或有断裂、错位迹象。

(4)其他显著影响结构整体性的裂缝。

(四)砌体结构构件安全性按其他损伤评定

当砌体结构、构件存在可能影响结构安全的损伤时，应根据其严重程度直接定为 c_u级或 d_u级。

二、子单元安全性鉴定

民用建筑安全性的第二层次子单元鉴定评级，应按下列规定进行：

(1)应按地基基础、上部承重结构和围护系统的承重部分划分为三个子单元，并分别按《民用建筑可靠性鉴定标准》(GB 50292—2015)第 7.2～7.4 节规定的鉴定方法和评级标准进行评定；

(2)若不要求评定围护系统可靠性时，也可不将围护系统承重部分列为子单元，而将其安全性鉴定并入上部承重结构中。

当需验算上部承重结构的承载能力时，其作用效应应按《民用建筑可靠性鉴定标准》(GB 50292—2015)第 7.1.2 条的规定确定；当需验算地基变形或地基承载力时，其地基的岩土性能和地基承载力标准值，应由原有地质勘察资料和补充勘察报告提供。

当仅要求对某个子单元的安全性进行鉴定时，该子单元与其他相邻子单元之间的交叉部位，也应进行检查，并在鉴定报告中提出处理意见。

(一)地基基础安全性鉴定

地基基础子单元的安全性鉴定评级，应根据地基变形或地基承载力的评定结果进行确定。对建在斜坡场地的建筑物，还应按边坡场地稳定性的评定结果进行确定。

鉴定地基、桩基的安全性时，应遵守下列规定。

(1)一般情况下，宜根据地基、桩基沉降观测资料，以及其不均匀沉降在上部结构中反应的检查结果进行鉴定评级。

(2)当需对地基、桩基的承载力进行鉴定评级时，应以岩土工程勘察档案和有关检测资料为依据进行评定。若档案、资料不全，还应补充近位勘探点，进一步查明土层分布情况，并结合当地工程经验进行核算和评价。

(3)对建造在斜坡场地上的建筑物，应根据历史资料和实地勘察结果，对边坡场地的稳定性进行评级。

1. 地基基础安全性根据地基变形鉴定

当地基基础的安全性按地基变形观测资料或其上部结构反应的检查结果评定时，应按下列规定评级。

(1)A_u级，不均匀沉降小于现行国家标准《建筑地基基础设计规范》(GB 50007—2011)规定的允许沉降差；建筑物无沉降裂缝、变形或位移。

(2)B_u级，不均匀沉降不大于现行国家标准《建筑地基基础设计规范》(GB 50007—2011)规定的允许沉降差；且连续两个月地基沉降量小于每月 2 mm；建筑物的上部结构虽有轻微裂缝，但无发展迹象。

(3)C_u级，不均匀沉降大于现行国家标准《建筑地基基础设计规范》(GB

50007—2011)规定的允许沉降差;或连续两个月地基沉降量大于每个月2 mm;或建筑物上部结构砌体部分出现宽度大于5 mm的沉降裂缝,预制构件连接部位可能出现宽度大于1 mm的沉降裂缝,且沉降裂缝短期内无终止趋势。

(4)D_u级,不均匀沉降远大于现行国家标准《建筑地基基础设计规范》(GB 50007—2011)规定的允许沉降差;连续两个月地基沉降量大于每月2 mm,且尚有变快趋势;或建筑物上部结构的沉降裂缝发展显著;砌体的裂缝宽度大于10 mm;预制构件连接部位的裂缝宽度大于3 mm;现浇结构个别部分也已开始出现沉降裂缝。

(5)以上4款的沉降标准,仅适用于建成已2年以上,且建于一般地基土上的建筑物;对建在高压缩性黏性土或其他特殊性土地基上的建筑物,此年限宜根据当地经验适当加长。

2. 地基基础安全性根据承载力鉴定

当地基基础的安全性按其承载力评定时,可根据《民用建筑可靠性鉴定标准》(GB 50292—2015)第7.2.2条规定的检测和计算分析结果,采用下列规定评级。

(1)当地基基础承载力符合现行国家标准《建筑地基基础设计规范》(GB 50007—2011)的要求时,可根据建筑物的完好程度评为A_u级或B_u级。

(2)当地基基础承载力不符合现行国家标准《建筑地基基础设计规范》(GB 50007—2011)的要求时,可根据建筑物开裂损伤的严重程度评为C_u级或D_u级。

3. 地基基础安全性根据边坡场地稳定性鉴定

当地基基础的安全性按边坡场地稳定性项目评级时,应按下列标准评定。

(1)A_u级,建筑场地地基稳定,无滑动迹象及滑动史。

(2)B_u级,建筑场地地基在历史上曾有过局部滑动,经治理后已停止滑动,且近期评估表明,在一般情况下,不会再滑动。

(3)C_u级,建筑场地地基在历史上发生过滑动,目前虽已停止滑动,但若触动诱发因素,今后仍有可能再滑动。

(4)D_u级，建筑场地地基在历史上发生过滑动，目前又有滑动或滑动迹象。

在鉴定中若发现地下水位或水质有较大变化，或土压力、水压力有显著改变，且可能对建筑物产生不利影响时，应对此类变化所产生的不利影响进行评价，并提出处理的建议。

(二)上部承重结构安全性鉴定

上部承重结构子单元的安全性鉴定评级，应根据其结构承载功能等级、结构整体性等级以及结构侧向位移等级的评定结果进行确定。

1. 上部承重结构安全性根据结构承载功能等级鉴定

上部结构承载功能的安全性评级，当有条件采用较精确的方法评定时，应在详细调查的基础上，根据结构体系的类型及其空间作用程度，按国家现行标准规定的结构分析方法和结构实际的构造确定合理的计算模型，通过对结构作用效应分析和抗力分析，并结合工程鉴定经验进行评定。

当上部承重结构可视为由平面结构组成的体系，且其构件工作不存在系统性因素的影响时，其承载功能的安全性等级可按下列规定近似评定。

(1)可在多、高层房屋的标准层中随机抽取$\sqrt{m}$层为代表层作为评定对象；m为该鉴定单元房屋的层数；若$\sqrt{m}$为非整数时，应多取一层；对一般单层房屋，宜以原设计的每一计算单元为一区，并随机抽取$\sqrt{m}$区为代表区作为评定对象。

(2)除随机抽取的标准层外，尚应另增底层和顶层，以及高层建筑的转换层和避难层为代表层。代表层构件包括该层楼板及其下的梁、柱、墙等。

(3)宜按结构分析或构件校核所采用的计算模型，以及本标准关于构件集的规定，将代表层(或区)中的承重构件划分为若干主要构件集和一般构件集，并按《民用建筑可靠性鉴定标准》(GB 50292—2015)第7.3.5条和第7.3.6条的规定评定每种构件集的安全性等级。

(4)可根据代表层(或区)中每种构件集的评级结果，按《民用建筑可靠性鉴定标准》(GB 50292—2015)第7.3.7条的规定确定代表层(或区)的安全性等级。

(5)可根据本条1～4款的评定结果，按《民用建筑可靠性鉴定标准》(GB 50292—2015)第7.3.8条的规定确定上部承重结构承载功能的安全性等级。

当上部承重结构虽可视为由平面结构组成的体系，但其构件工作受到灾害或其他系统性因素的影响时，其承载功能的安全性等级可按下列规定近似评定。

(1)宜区分为受影响和未受影响的楼层(或区)。

(2)对受影响的楼层(或区)，宜全数作为代表层(或区)；对未受影响的楼层(或区)，可按《民用建筑可靠性鉴定标准》(GB 50292—2015)第7.3.3条的规定，抽取代表层。

(3)可分别评定构件集、代表层(或区)和上部结构承载功能的安全性等级。

在代表层(或区)中，主要构件集安全性等级的评定，可根据该种构件集内每一受检构件的评定结果，按表3-8的分级标准评级。

表3-8 主要构件集安全性等级的评定

等级	多层及高层房屋	单层房屋
A_u	该构件集内，不含c_u级和d_u级；可含b_u级，但含量不多于25%	该构件集内，不含c_u级和d_u级；可含b_u级，但含量不多于30%
B_u	该构件集内，不含d_u级；可含c_u级，但含量不应多于15%	该构件集内，不含d_u级；可含c_u级，但含量不应多于20%
C_u	该构件集内，可含c_u级和d_u级；若仅含c_u级，其含量不应多于40%；若仅含d_u级，其含量不应多于10%；若同时含有c_u级和d_u级，c_u级含量不应多于25%；d_u级含量不应多于3%	该构件集内，可含c_u级和d_u级；若仅含c_u级，其含量不应多于50%；若仅含d_u级，其含量不应多于15%；若同时含有c_u级和d_u级，c_u级含量不应多于30%；d_u级含量不应多于5%
D_u	该构件集内，c_u级或d_u级含量多于C_u级的规定数	该构件集内，c_u级和d_u级含量多于C_u级的规定数

注：当计算的构件数为非整数时，应多取一根。

在代表层（或区）中，一般构件集安全性等级的评定，应按表3-9的分级标准评级。

表3-9　一般构件集安全性等级的评定

等级	多层及高层房屋	单层房屋
A_u	该构件集内，不含 c_u 级和 d_u 级；可含 b_u 级，但含量不应多于30％	该构件集内，不含 c_u 级和 d_u 级；可含 b_u 级，但含量不应多于35％
B_u	该构件集内，不含 d_u 级；可含 c_u 级，但含量不应多于20％	该构件集内，不含 d_u 级；可含 c_u 级，但含量不应多于25％
C_u	该构件集内，可含 c_u 级和 d_u 级，但 c_u 级含量不应多于40％；d_u 级含量不应多于10％	该构件集内，可含 c_u 级和 d_u 级，但 c_u 级含量不应多于50％；d_u 级含量不应多于15％
D_u	该构件集内，c_u 级或 d_u 级含量多于 C_u 级的规定数	该构件集内，c_u 级和 d_u 级含量多于 C_u 级的规定数

各代表层（或区）的安全性等级，应按该代表层（或区）中各主要构件集间的最低等级确定。当代表层（或区）中一般构件集的最低等级比主要构件集最低等级低二级或三级时，该代表层（或区）所评的安全性等级应降一级或降二级。

上部结构承载功能的安全性等级，可按下列规定确定。

（1）A_u 级，不含 C_u 级和 D_u 级代表层（或区）；可含 B_u 级，但含量不多于30％。

（2）B_u 级，不含 D_u 级代表层（或区）；可含 C_u 级，但含量不多于15％。

（3）C_u 级，可含 C_u 级和 D_u 级代表层（或区）；若仅含 C_u 级，其含量不多于50％；若仅含 D_u 级，其含量不多于10％；若同时含有 C_u 级和 D_u 级，其 C_u 级含量不应多于25％，D_u 级含量不多于5％。

（4）D_u 级，其 C_u 级或 D_u 级代表层（或区）的含量多于 C_u 级的规定数。

2. 上部承重结构安全性根据结构整体性等级鉴定

当评定结构整体性等级时，可按表3-10的规定，先评定其每一检查项目的等级，然后按下列原则确定该结构整体性等级。

（1）若四个检查项目均不低于B_u级，可按占多数的等级确定。

（2）若仅一个检查项目低于B_u级，可根据实际情况定为B_u级或C_u级。

（3）每个项目评定结果取A_u级或B_u级，应根据其实际完好程度确定；取C_u级或D_u级，应根据其实际严重程度确定。

表 3-10 结构整体牢固性等级的评定

检查项目	A_u级或B_u级	C_u级或D_u级
结构布置及构造	布置合理，形成完整的体系，且结构选型及传力路线设计正确，符合国家现行设计规范规定	布置不合理，存在薄弱环节，未形成完整的体系；或结构选型、传力路线设计不当，不符合国家现行设计规范规定，或结构产生明显振动
支撑系统或其他抗侧力系统的构造	构件长细比及连接构造符合国家现行设计规范规定，形成完整的支撑系统，无明显残损或施工缺陷，能传递各种侧向作用	构件长细比或连接构造不符合国家现行设计规范规定，未形成完整的支撑系统，或构件连接已失效或有严重缺陷，不能传递各种侧向作用
结构、构件间的联系	设计合理、无疏漏；锚固、拉结、连接方式正确、可靠，无松动变形或其他残损	设计不合理，多处疏漏；或锚固、拉结、连接不当，或已松动变形，或已残损
砌体结构中圈梁及构造柱的布置与构造	布置正确，截面尺寸、配筋及材料强度等符合国家现行设计规范规定，无裂缝或其他残损，能起封闭系统作用	布置不当，截面尺寸、配筋及材料强度不符合国家现行设计规范规定，已开裂，或有其他残损，或不能起封闭系统作用

3. 上部承重结构安全性根据结构侧向位移等级鉴定

对上部承重结构不适于承载的侧向位移，应根据其检测结果，按下列规定评级。

（1）当检测值已超出表 3-11 界限，且有部份构件（含连接、节点域，地下同）出现裂缝、变形或其他局部损坏迹象时，应根据实际严重程度定为C_u级或D_u级。

（2）当检测值虽已超出表 3-11 界限，但尚未发现上款所述情况时，应进一步进行计入该位移影响的结构内力计算分析，并按《民用建筑可靠性鉴定标准》(GB 50292—2015)第 5 章的规定，验算各构件的承载能力；若验算结果均不低于 b_u级，仍可将该结构定为 B_u级，但宜附加观察使用一段时间的限制；若构件承载能力的验算结果有低于 b_u级时，应定为 C_u级。

(3)对某些构造复杂的砌体结构，若按本条第 2 款要求进行计算分析有困难时，各类结构不适于承载的侧向位移等级的评定可直接按表 3-11 规定的界限值评级。

表 3-11　各类结构不适于承载的侧向位移等级的评定

<table>
<tr><td rowspan="2">检查项目</td><td rowspan="2" colspan="4">结构类别</td><td>顶点位移(mm)</td><td>层间位移(mm)</td></tr>
<tr><td>C_u级或 D_u级</td><td>C_u级或 D_u级</td></tr>
<tr><td rowspan="4">结构平面内的侧向位移</td><td rowspan="4">混凝土结构或钢结构</td><td colspan="3">单层建筑</td><td>$>H/150$</td><td>—</td></tr>
<tr><td colspan="3">多层建筑</td><td>$>H/200$</td><td>$>H_i/150$</td></tr>
<tr><td rowspan="2">高层建筑</td><td colspan="2">框架</td><td>$>H/250$ 或>300</td><td>$>H_i/150$</td></tr>
<tr><td colspan="2">框架剪力墙
框架筒体</td><td>$>H/300$ 或>400</td><td>$>H_i/250$</td></tr>
<tr><td rowspan="7">结构平面内的侧向位移</td><td rowspan="7">砌体结构</td><td rowspan="4">单层建筑</td><td rowspan="2">墙</td><td>$H\leqslant7$ m</td><td>$>H/250$</td><td>—</td></tr>
<tr><td>$H>7$ m</td><td>$>H/300$</td><td>—</td></tr>
<tr><td rowspan="2">柱</td><td>$H\leqslant7$ m</td><td>$>H/300$</td><td>—</td></tr>
<tr><td>$H>7$ m</td><td>$>H/330$</td><td>—</td></tr>
<tr><td rowspan="3">多层建筑</td><td rowspan="2">墙</td><td>$H\leqslant10$ m</td><td>$>H/300$</td><td rowspan="2">$>H_i/300$</td></tr>
<tr><td>$H>10$ m</td><td>$>H/330$</td></tr>
<tr><td>柱</td><td>$H\leqslant10$ m</td><td>$>H/330$</td><td>$>H_i/330$</td></tr>
<tr><td colspan="5">单层排架平面外侧倾</td><td>$>H/350$</td><td>—</td></tr>
</table>

注：(1)表中 H 为结构顶点高度(mm)；H_i 为第 i 层层间高度(mm)。

(2)墙包括带壁柱墙。

4. 上部承重结构安全性综合鉴定方法

上部承重结构的安全性等级，应根据《民用建筑可靠性鉴定标准》(GB 50292—2015)第 7.3.2～7.3.10 条的评定结果，按下列原则确定。

(1)一般情况下，应按上部结构承载功能和结构侧向位移或倾斜的评级结果，取其中较低一级作为上部承重结构(子单元)的安全性等级。

(2)当上部承重结构按上款评为 B_u 级，但当发现各主要构件集所含的 c_u 级构件处于下列情况之一时，宜将所评等级降为 C_u 级：

①出现 c_u 级构件交汇的节点连接；

②不止一个 c_u 级存在于人群密集场所或其他破坏后果严重的部位。

(3)当上部承重结构按本条第 1 款评为 C_u 级，但若发现其主要构件集有下列情况之一时，宜将所评等级降为 D_u 级。

①多层或高层房屋中，其底层柱集为 C_u 级；

②多层或高层房屋的底层，或任一空旷层，或框支剪力墙结构的框架层的柱集为 D_u 级；

③在人群密集场所或其他破坏后果严重部位，出现不止一个 d_u 级构件。

(4)当上部承重结构按上款评为 A_u 级或 B_u 级，而结构整体性等级为 C_u 级或 D_u 级时，应将所评的上部承重结构安全性等级降为 C_u 级。

(5)当上部承重结构在按本条第 4 款的规定作了调整后仍为 A_u 级或 B_u 级，但若发现被评为 C_u 级或 D_u 级的一般构件集，已被设计成参与支撑系统或其他抗侧力系统工作，或已在抗震加固中，加强了其与主要构件集的锚固，应将上部承重结构所评的安全性等级降为 C_u 级。

(三)围护系统的承重部分安全性鉴定

围护系统承重部分的安全性，应在该系统专设的和参与该系统工作的各种承重构件的安全性评级的基础上，根据该部分结构承载功能等级和结构整体性等级的评定结果进行确定。

当评定一种构件集的安全性等级时，应根据每一受检构件的评定结果及其构件类别，分别按《民用建筑可靠性鉴定标准》(GB 50292—2015)第 7.3.2 条或第 7.3.3 条的规定评级。

当评定围护系统的计算单元或代表层的安全性等级时，应按《民用建筑可靠性鉴定标准》(GB 50292—2015)第 7.3.5 条的规定评级。

围护系统的结构承载功能的安全性等级，应按《民用建筑可靠性鉴定标准》(GB 50292—2015)第 7.3.6 条的规定确定。

当评定围护系统承重部分的结构整体性时，应按《民用建筑可靠性鉴定标准》(GB 50292—2015)第 7.3.7 条的规定评级。

围护系统承重部分的安全性等级，可根据《民用建筑可靠性鉴定标准》(GB 50292—2015)第 7.4.4 条和第 7.4.5 条的评定结果，按下列原则确定：

(1)当仅有 A_u级和 B_u级时，按占多数级别确定。

(2)当含有 C_u级或 D_u级时，可按下列规定评级：

①若 C_u级或 D_u级属于结构承载功能问题时，按最低等级确定；

②若 C_u级或 D_u级属于结构整体性问题时，宜定为 C_u级。

(3)围护系统承重部分评定的安全性等级，不应高于上部承重结构的等级。

三、鉴定单元安全性鉴定

民用建筑鉴定单元的安全性鉴定评级，应根据其地基基础、上部承重结构和围护系统承重部分等的安全性等级，以及与整幢建筑有关的其他安全问题进行评定。

鉴定单元的安全性等级，应根据《民用建筑可靠性鉴定标准》(GB 50292—2015)第 7 章的评定结果，按下列原则规定：

(1)一般情况下，应根据地基基础和上部承重结构的评定结果按其中较低等级确定；

(2)当鉴定单元的安全性等级按上款评为 A_u级或 B_u级但围护系统承重部分的等级为 C_u级或 D_u级时，可根据实际情况将鉴定单元所评等级降低一级或二级，但最后所定的等级不得低于 C_{su}级。

对下列任一情况，可直接评为 D_{su}级：

(1)建筑物处于有危房的建筑群中，且直接受到其威胁；

(2)建筑物朝一方向倾斜，且速度开始变快。

当新测定的建筑物动力特性，与原先记录或理论分析的计算值相比，有下列变化时，可判其承重结构可能有异常，但应经进一步检查、鉴定后再评定该建筑物的安全性等级：

(1)建筑物基本周期显著变长或基本频率显著下降；

(2)建筑物振型有明显改变或振幅分布无规律。

第三节　抗震性能鉴定方法

一、抗震性能鉴定的基本规定

现有建筑的抗震鉴定应包括下列内容及要求。

(1)搜集建筑的勘察报告、施工和竣工验收的相关原始资料；当资料不全时，应根据鉴定的需要进行补充实测。

(2)调查建筑现状与原始资料相符合的程度、施工质量和维护状况，发现相关的非抗震缺陷。

(3)根据各类建筑结构的特点、结构布置、构造和抗震承载力等因素，采用相应的逐级鉴定方法，进行综合抗震能力分析。

(4)对现有建筑整体抗震性能做出评价，对符合抗震鉴定要求的建筑应说明其后续使用年限，对不符合抗震鉴定要求的建筑提出相应的抗震减灾对策和处理意见。

现有建筑的抗震鉴定，应根据下列情况区别对待。

(1)建筑结构类型不同的结构，其检查的重点、项目内容和要求不同，应采用不同的鉴定方法。

(2)对重点部位与一般部位，应按不同的要求进行检查和鉴定。

注：重点部位指影响该类建筑结构整体抗震性能的关键部位和易导致局部倒塌伤人的构件、部件，以及地震时可能造成次生灾害的部位。

(3)对抗震性能有整体影响的构件和仅有局部影响的构件，在综合抗震能力分析时应分别对待。

抗震鉴定分为两级。第一级鉴定应以宏观控制和构造鉴定为主进行综合评价，第二级鉴定应以抗震验算为主结合构造影响进行综合评价。

A类建筑的抗震鉴定，当符合第一级鉴定的各项要求时，建筑可评为满足抗震鉴定要求，不再进行第二级鉴定；当不符合第一级鉴定要求时，除本标准各章有明确规定的情况外，应由第二级鉴定做出判断。

B类建筑的抗震鉴定，应检查其抗震措施和现有抗震承载力再做出判断。当抗震措施不满足鉴定要求而现有抗震承载力较高时，可通过构造影响系数进行综合抗震能力的评定；当抗震措施鉴定满足要求时，主要抗侧力构件的抗震承载力不低于规定的95%、次要抗侧力构件的抗震承载力不低于规定的90%，也可不要求进行加固处理。

现有建筑宏观控制和构造鉴定的基本内容及要求，应符合下列规定。

(1)当建筑的平、立面，质量、刚度分布和墙体等抗侧力构件的布置在平面内明显不对称时，应进行地震扭转效应不利影响的分析；当结构竖向构件上下不连续或刚度沿高度分布突变时，应找出薄弱部位并按相应的要求鉴定。

(2)检查结构体系，应找出其破坏会导致整个体系丧失抗震能力或丧失对重力的承载能力的部件或构件；当房屋有错层或不同类型结构体系相连时，应提高其相应部位的抗震鉴定要求。

(3)检查结构材料实际达到的强度等级，当低于规定的最低要求时，应提出采取相应的抗震减灾对策。

(4)多层建筑的高度和层数，应符合本标准各章规定的最大值限值要求。

(5)当结构构件的尺寸、截面形式等不利于抗震时，宜提高该构件的配筋等构造抗震鉴定要求。

(6)结构构件的连接构造应满足结构整体性的要求；装配式厂房应有较完整的支撑系统。

(7)非结构构件与主体结构的连接构造应满足不倒塌伤人的要求；位于出入口及人流通道等处，应有可靠的连接。

(8)当建筑场地位于不利地段时，尚应符合地基基础的有关鉴定要求。

6度和有具体规定时，可不进行抗震验算；当6度第一级鉴定不满足时，可通过抗震验算进行综合抗震能力评定；其他情况，至少在两个主轴方向分别按标准规定的具体方法进行结构的抗震验算。

当标准未给出具体方法时，可采用现行国家标准《建筑抗震设计规范》(GB 50011—2010)规定的方法，按下式进行结构构件抗震验算：

$$S \leqslant R/\gamma_{RE} \tag{3-25}$$

式中：

S——结构构件内力(轴向力、剪力、弯矩等)组合的设计值；计算时，有关的荷载、地震作用、作用分项系数、组合值系数，应按现行国家标准《建筑抗震设计规范》(GB 50011—2010)的规定采用；其中，场地的设计特征周期可按表 3-12 确定，地震作用效应(内力)调整系数应按本标准各章的规定采用，8、9 度的大跨度和长悬臂结构应计算竖向地震作用。

R——结构构件承载力设计值，按现行国家标准《建筑抗震设计规范》(GB 50011—2010)的规定采用；其中，各类结构材料强度的设计指标应按《建筑抗震鉴定标准》(GB 50023—2009)附录 A 采用，材料强度等级按现场实际情况确定。

$g\gamma_{RE}$——抗震鉴定的承载力调整系数，除本标准各章节另有规定外，一般情况下，可按现行国家标准《建筑抗震设计规范》(GB 50011—2010)的承载力抗震调整系数值采用，A 类建筑抗震鉴定时，钢筋混凝土构件应按现行国家标准《建筑抗震设计规范》(GB 50011—2010)承载力抗震调整系数值的 0.85 倍采用。

表 3-12　特征周期值(s)

设计地震分组	场地类别			
	Ⅰ	Ⅱ	Ⅲ	Ⅳ
第一、二组	0.20	0.30	0.40	0.65
第三组	0.25	0.40	0.55	0.85

现有建筑的抗震鉴定要求，可根据建筑所在场地、地基和基础等的有利和不利因素，做下列调整。

(1) Ⅰ类场地上的丙类建筑，7～9 度时，构造要求可降低一度。

(2) Ⅳ类场地、复杂地形、严重不均匀土层上的建筑以及同一建筑单元存在不同类型基础时，可提高抗震鉴定要求。

(3) 建筑场地为Ⅲ、Ⅳ类时，对设计基本地震加速度 0.15 g 和 0.30 g 的地区，各类建筑的抗震构造措施要求宜分别按抗震设防烈度 8 度(0.20 g)和 9 度(0.40 g)采用。

(4)有全地下室、箱基、筏基和桩基的建筑，可降低上部结构的抗震鉴定要求。

(5)对密集的建筑，包括防震缝两侧的建筑，应提高相关部位的抗震鉴定要求。

对不符合鉴定要求的建筑，可根据其不符合要求的程度、部位对结构整体抗震性能影响的大小，以及有关的非抗震缺陷等实际情况，结合使用要求、城市规划和加固难易等因素的分析，提出相应的维修、加固、改变用途或更新等抗震减灾对策。

二、场地、地基和基础抗震鉴定

(一)场地抗震鉴定

(1)6、7 度时及建造于对抗震有利地段的建筑，可不进行场地对建筑影响的抗震鉴定。

注：对建造于危险地段的建筑，场地对建筑影响应按专门规定鉴定；有利、不利等地段和场地类别，按现行国家标准《建筑抗震设计规范》划分。

(2)对建造于危险地段的现有建筑，应结合规划更新(迁离)；暂时不能更新的，应进行专门研究，并采取应急的安全措施。

(3)7～9 度时，建筑场地为条状突出山嘴、高耸孤立山丘、非岩石和强风化岩石陡坡、河岸和边坡的边缘等不利地段，应对其地震稳定性、地基滑移及对建筑的可能危害进行评估；非岩石和强风化岩石陡坡的坡度及建筑场地与坡脚的高差均较大时，应估算局部地形导致其地震影响增大的后果。

(4)建筑场地有液化侧向扩展且距常时水线 100 m 范围内，应判明液化后土体流滑与开裂的危险。

(二)地基和基础抗震鉴定

地基基础现状的鉴定，应着重调查上部结构的不均匀沉降裂缝和倾斜，基础有无腐蚀、酥碱、松散和剥落，上部结构的裂缝、倾斜以及有无发展趋势。

符合下列情况之一的现有建筑，可不进行其地基基础的抗震鉴定：

(1)丁类建筑；

(2)地基主要受力层范围内不存在软弱土、饱和砂土和饱和粉土或严重不均匀土层的乙类、丙类建筑；

(3)6 度时的各类建筑；

(4)7 度时，地基基础现状无严重静载缺陷的乙类、丙类建筑。

对地基基础现状进行鉴定时，当基础无腐蚀、酥碱、松散和剥落，上部结构无不均匀沉降裂缝和倾斜，或虽有裂缝、倾斜但不严重且无发展趋势，该地基基础可评为无严重静载缺陷。

存在软弱土、饱和砂土和饱和粉土的地基基础，应根据烈度、场地类别、建筑现状和基础类型，进行液化、震陷及抗震承载力的两级鉴定。符合第一级鉴定的规定时，应评为地基符合抗震要求，不再进行第二级鉴定。

静载下已出现严重缺陷的地基基础，应同时审核其静载下的承载力。

(三)地基基础的第一级鉴定

地基基础的第一级鉴定应符合下列要求：

(1)基础下主要受力层存在饱和砂土或饱和粉土时，对下列情况可不进行液化影响的判别：

①对液化沉陷不敏感的丙类建筑；

②符合现行国家标准《建筑抗震设计规范》(GB 50011—2010)液化初步判别要求的建筑。

(2)基础下主要受力层存在软弱土时，对下列情况可不进行建筑在地震作用下沉陷的估算：

①8、9 度时，地基土静承载力特征值分别大于 80 kPa 和 100 kPa；

②8 度时，基础底面以下的软弱土层厚度不大于 5 m。

(3)采用桩基的建筑，对下列情况可不进行桩基的抗震验算：

①现行国家标准《建筑抗震设计规范》(GB 50011—2010)规定可不进行桩基抗震验算的建筑；

②位于斜坡但地震时土体稳定的建筑。

(四)地基基础的第二级鉴定

地基基础的第二级鉴定应符合下列要求。

(1)饱和土液化的第二级判别,应按现行国家标准《建筑抗震设计规范》(GB 50011—2010)的规定,采用标准贯入试验判别法。判别时,可计入地基附加应力对土体抗液化强度的影响。存在液化土时,应确定液化指数和液化等级,并提出相应的抗液化措施。

(2)软弱土地基及8、9度时Ⅲ、Ⅳ类场地上的高层建筑和高耸结构,应进行地基和基础的抗震承载力验算。

现有天然地基的抗震承载力验算,应符合下列要求。

(1)天然地基的竖向承载力,可按现行国家标准《建筑抗震设计规范》(GB 50011—2010)规定的方法验算,其中,地基土静承载力特征值应改用长期压密地基土静承载力特征值,其值可按下式计算:

$$f_{sE}=\zeta_s f_{sc} \tag{3-26}$$

$$f_{sc}=\zeta_c f_s \tag{3-27}$$

式中:

f_{sE}——调整后的地基土抗震承载力特征值(kPa);

ζ_s——地基土抗震承载力调整系数,可按现行国家标准《建筑抗震设计规范》(GB 50011—2010)采用;

f_{sc}——长期压密地基土静承载力特征值(kPa);

f_s——地基土静承载力特征值(kPa),其值可按现行国家标准《建筑地基基础设计规范》(GB 50007—2011)采用;

ζ_c——地基土静承载力长期压密提高系数,其值可按表3-13采用。

(2)承受水平力为主的天然地基验算水平抗滑时,抗滑阻力可采用基础底面摩擦力和基础正侧面土的水平抗力之和;基础正侧面土的水平抗力,可取其被动土压力的1/3;抗滑安全系数不宜小于1.1;当刚性地坪的宽度不小于地坪孔口承压面宽度的3倍时,尚可利用刚性地坪的抗滑能力。

表 3-13 地基土静承载力长期压密提高系数

年限与岩土类别	p_0/f_s			
	1.0	0.8	0.4	<0.4
2 年以上的砾、粗、中、细、粉砂	1.2	1.1	1.05	1.0
5 年以上的粉土和粉质黏土				
8 年以上地基土静承载力标准值大于 100 kPa 的黏土				

注:(1)p_0 指基础底面实际平均压应力(kPa);

(2)使用期不够或岩石、碎石土、其他软弱土,提高系数值可取 1.0。

三、上部结构抗震性能鉴定

本节适用于烧结普通黏土砖、烧结多孔黏土砖、混凝土中型空心砌块、混凝土小型空心砌块、粉煤灰中型实心砌块砌体承重的多层房屋上部结构抗震性能鉴定。

注:(1)对于单层砌体房屋,当横墙间距不超过三开间时,可按本节进行抗震鉴定;

(2)本节中烧结普通黏土砖、烧结多孔黏土砖、混凝土小型空心砌块、混凝土中型空心砌块、粉煤灰中型实心砌块分别简称为普通砖、多孔砖、混凝土小砌块、混凝土中砌块、粉煤灰中砌块。

现有多层砌体房屋抗震鉴定时,房屋的高度和层数、抗震墙的厚度和间距、墙体实际达到的砂浆强度等级和砌筑质量、墙体交接处的连接以及女儿墙、楼梯间和出屋面烟囱等易引起倒塌伤人的部位应重点检查;7～9 度时,尚应检查墙体布置的规则性,检查楼、屋盖处的圈梁,检查楼、屋盖与墙体的连接构造等。

多层砌体房屋的外观和内在质量应符合下列要求。

(1)墙体不空鼓、无严重酥碱和明显歪闪。

(2)支承大梁、屋架的墙体无竖向裂缝,承重墙、自承重墙及其交接处无明显裂缝。

(3)木楼、屋盖构件无明显变形、腐朽、蚁蚀和严重开裂。

(4)混凝土构件符合《建筑抗震鉴定标准》(GB 50023—2009)第 6.1.3 条的有关规定。

现有砌体房屋的抗震鉴定,应按房屋高度和层数、结构体系的合理性、墙体材料的实际强度、房屋整体性连接构造的可靠性、局部易损易倒部位构件自身及其与主体结构连接构造的可靠性以及墙体抗震承载力的综合分析,对整幢房屋的抗震能力进行鉴定。

当砌体房屋层数超过规定时,应评为不满足抗震鉴定要求;当仅有出入口和人流通道处的女儿墙、出屋面烟囱等不符合规定时,应评为局部不满足抗震鉴定要求。

A 类砌体房屋应进行综合抗震能力的两级鉴定。在第一级鉴定中,墙体的抗震承载力应依据纵、横墙间距进行简化验算,当符合第一级鉴定的各项规定时,应评为满足抗震鉴定要求;不符合第一级鉴定要求时,除有明确规定的情况外,应在第二级鉴定中采用综合抗震能力指数的方法,计入构造影响做出判断。

B 类砌体房屋,在整体性连接构造的检查中尚应包括构造柱的设置情况,墙体的抗震承载力应采用现行国家标准《建筑抗震设计规范》(GB 50011—2010)的底部剪力法等方法进行验算,或按照 A 类砌体房屋计入构造影响进行综合抗震能力的评定。

(一)A 类砌体房屋抗震性能鉴定

1. A 类砌体房屋第一级抗震鉴定

现有砌体房屋的高度和层数应符合下列要求。

(1)房屋的高度和层数不宜超过表 3-14 所列的范围。对横向抗震墙较少的房屋,其适用高度和层数应比表 3-14 的规定分别降低 3 m 和一层;对横向抗震墙很少的房屋,还应再减少一层。

(2)当超过规定的适用范围时,应提高对综合抗震能力的要求或提出改变结构体系的要求等。

表 3-14 A 类砌体房屋的最大高度(m)和层数限值

墙体类别	墙体厚度(mm)	6 度		7 度		8 度		9 度	
		高度	层数	高度	层数	高度	层数	高度	层数
普通砖实心墙	≥240	24	八	22	七	19	六	13	四
	180	16	五	16	五	13	四	10	三
多孔砖墙	180～240	16	五	16	五	13	四	10	三
普通砖空心墙	420	19	六	19	六	13	四	10	三
	300	10	三	10	三	10	三		
普通砖空斗墙	240	10	三	10	三	10	三		
混凝土中砌块墙	≥240	19	六	19	六	13	四		
混凝土小砌块墙	≥190	22	七	22	七	16	五		
粉煤灰中砌块墙	≥240	19	六	19	六	13	四		
	180～240	16	五	16	五	10	三		

注：(1)房屋高度计算方法同现行国家标准《建筑抗震设计规范》(GB 50011—2010)的规定；

(2)空心墙指由两片 120 mm 厚砖与 240 mm 厚砖通过卧砌砖形成的墙体；

(3)乙类设防时应允许按本地区设防烈度查表，但层数应减少一层且总高度应降低 3 m；其抗震墙不应为 180 mm 普通砖实心墙、普通砖空斗墙。

现有砌体房屋的结构体系，应按下列规定进行检查。

(1)房屋实际的抗震横墙间距和高宽比，应符合下列刚性体系的要求：

①抗震横墙的最大间距应符合表 3-15 的规定；

②房屋的高度与宽度(有外廊的房屋，此宽度不包括其走廊宽度)之比不宜大于 2.2，且高度不大于底层平面的最长尺寸。

(2)7～9 度时，房屋的平、立面和墙体布置宜符合下列规则性的要求：

①质量和刚度沿高度分布比较规则均匀，立面高度变化不超过一层，同一楼层的楼板标高相差不大于 500 mm；

②楼层的质心和计算刚心基本重合或接近。

表 3-15 A 类砌体房屋刚性体系抗震横墙的最大间距(m)

楼、屋盖类别	墙体类别	墙体厚度(mm)	6、7 度	8 度	9 度
现浇或装配整体式混凝土	砖实心墙	≥240	15	15	11
	其他墙体	≥180	13	10	
装配式混凝土	砖实心墙	≥240	11	11	7
	其他墙体	≥180	10	7	
木、砖拱	砖实心墙	≥240	7	7	4

注:对Ⅳ类场地,表内的最大间距值应减少 3 m 或 4 m 以内的一开间。

(3)跨度不小于 6 m 的大梁,不宜由独立砖柱支承;乙类设防时不应由独立砖柱支承。

(4)教学楼、医疗用房等横墙较少、跨度较大的房间,宜为现浇或装配整体式楼、屋盖。

承重墙体的砖、砌块和砂浆实际达到的强度等级,应符合下列要求。

(1)砖强度等级不宜低于 MU7.5,且不低于砌筑砂浆强度等级;中型砌块的强度等级不宜低于 MU10,小型砌块的强度等级不宜低于 MU5。砖、砌块的强度等级低于上述规定一级以内时,墙体的砂浆强度等级宜按比实际达到的强度等级降低一级采用。

(2)墙体的砌筑砂浆强度等级,6 度时或 7 度时二层及以下的砖砌体不应低于 M0.4,当 7 度时超过二层或 8、9 度时不宜低于 M1;砌块墙体不宜低于 M2.5。砂浆强度等级高于砖、砌块的强度等级时,墙体的砂浆强度等级宜按砖、砌块的强度等级采用。

现有房屋的整体性连接构造,应着重检查下列要求。

(1)墙体布置在平面内应闭合,纵横墙交接处应有可靠连接,不应被烟道、通风道等竖向孔道削弱;乙类设防时,尚应按本地区抗震设防烈度和表 3-16 检查构造柱设置情况。

表 3-16 乙类设防时 A 类砖房构造柱设置要求

<table>
<tr><th colspan="4">房屋层数</th><th colspan="2" rowspan="2">设置部位</th></tr>
<tr><th>6 度</th><th>7 度</th><th>8 度</th><th>9 度</th></tr>
<tr><td>四、五</td><td>三、四</td><td>二、三</td><td></td><td rowspan="3">外墙四角，错层部位横墙与外纵墙交接处，较大洞口两侧，大房间内外墙交接处</td><td>7、8 度时，楼梯间、电梯间四角</td></tr>
<tr><td>六、七</td><td>五、六</td><td>四</td><td>二</td><td>隔开间横墙（轴线）与外墙交接处，山墙与内纵墙交接处；7～9 度时，楼梯间、电梯间四角</td></tr>
<tr><td></td><td></td><td>五</td><td>三</td><td>内墙（轴线）与外墙交接处，内墙的局部较小墙垛处；7～9 度时，楼梯间、电梯间四角；9 度时内纵墙与横墙（轴线）交接处</td></tr>
</table>

注：横墙较少时，按增加一层的层数查表。砌块房屋按表中提高一度的要求检查芯柱或构造柱。

（2）木屋架不应为无下弦的人字屋架，隔开间应有一道竖向支撑或有木望板和木龙骨顶棚。

（3）装配式混凝土楼盖、屋盖（或木屋盖）砖房的圈梁布置和配筋，不应少于表 3-17 的规定；纵墙承重房屋的圈梁布置要求应相应提高；空斗墙、空心墙和 180 mm 厚砖墙的房屋，外墙每层应有圈梁。

（4）装配式混凝土楼盖、屋盖的砌块房屋，每层均应有圈梁；其中，6～8 度时内墙上圈梁的水平间距与配筋应分别符合表 3-17 中 7～9 度时的规定。

表 3-17 A 类砌体房屋圈梁的布置和构造要求

<table>
<tr><th colspan="2">位置和配筋量</th><th>7 度</th><th>8 度</th><th>9 度</th></tr>
<tr><td rowspan="2">屋盖</td><td>外墙</td><td>除层数为二层的预制板或有木望板、木龙骨吊顶时，均应有</td><td>均应有</td><td>均应有</td></tr>
<tr><td>内墙</td><td>同外墙，且纵横墙上圈梁的水平间距分别不应大于 8 m 和 16 m</td><td>纵横墙上圈梁的水平间距分别不应大于 8 m 和 12 m</td><td>纵横墙上圈梁的水平间距均不应大于 8 m</td></tr>
</table>

（续表）

位置和配筋量		7 度	8 度	9 度
楼盖	外墙	横墙间距大于 8 m 或层数超过四层时应隔层有	横墙间距大于 8 m 时每层应有，横墙间距不大于 8 m 层数超过三层时应隔层有	层数超过二层且横墙间距大于 4 m 时，每层均应有
	内墙	横墙间距大于 8 m 或层数超过四层时，应隔层有且圈梁的水平间距不应大于 16 m	同外墙，且圈梁的水平间距不应大于 12 m	同外墙，且圈梁的水平间距不应大于 8 m
配筋量		$4\varphi 8$	$4\varphi 10$	$4\varphi 12$

注：6 度时，同非抗震要求。

现有房屋的整体性连接构造，尚应满足下列要求。

（1）纵横墙交接处应咬槎较好；当为马牙槎砌筑或有钢筋混凝土构造柱时，沿墙高每 10 皮砖（中型砌块每道水平灰缝）或 500 mm 应有 $2\varphi 6$ 拉结钢筋；空心砌块有钢筋混凝土芯柱时，芯柱在楼层上下应连通，且沿墙高每隔 600 mm 应有 $\varphi 4$ 点焊钢筋网片与墙拉结。

（2）楼盖、屋盖的连接应符合下列要求。

①楼盖、屋盖构件的支承长度不应小于表 3-18 的规定。

②混凝土预制构件应有坐浆；预制板缝应有混凝土填实，板上应有水泥砂浆面层。

表 3-18　楼盖、屋盖构件的最小支承长度(mm)

构件名称	混凝土预制板		预制进深梁	木屋架、木大梁	对接檩条	木龙骨、木檩条
位置	墙上	梁上	墙上	墙上	屋架上	墙上
支承长度	100	80	180 且有梁垫	240	60	120

（3）圈梁的布置和构造尚应符合下列要求：

①现浇和装配整体式钢筋混凝土楼盖、屋盖可无圈梁；

②圈梁截面高度，多层砖房不宜小于 120 mm，中型砌块房屋不宜小于 200 mm，小型砌块房屋不宜小于 150 mm；

③圈梁位置与楼盖、屋盖宜在同一标高或紧靠板底。

(4)砖拱楼盖、屋盖房屋，每层所有内外墙均应有圈梁，当圈梁承受砖拱楼盖、屋盖的推力时，配筋量不应少于 $4\varphi 12$。

(5)屋盖处的圈梁应现浇；楼盖处的圈梁可为钢筋砖圈梁，其高度不小于 4 皮砖，砌筑砂浆强度等级不低于 M5，总配筋量不少于表 3-18 中的规定；现浇钢筋混凝土板墙或钢筋网水泥砂浆面层中的配筋加强带可代替该位置上的圈梁；与纵墙圈梁有可靠连结的进深梁或配筋板带也可代替该位置上的圈梁。

房屋中易引起局部倒塌的部件及其连接，应着重检查下列要求：

(1)出入口或人流通道处的女儿墙和门脸等装饰物应有锚固；

(2)出屋面小烟囱在出入口或人流通道处应有防倒塌措施；

(3)钢筋混凝土挑檐、雨罩等悬挑构件应有足够的稳定性。

楼梯间的墙体，悬挑楼层、通长阳台或房屋尽端局部悬挑阳台，过街楼的支承墙体，与独立承重砖柱相邻的承重墙体，均应提高有关墙体承载能力的要求。

房屋中易引起局部倒塌的部件及其连接，尚应符合下列规定。

(1)现有结构构件的局部尺寸、支承长度和连接应符合下列要求。

①承重的门窗间墙最小宽度和外墙尽端至门窗洞边的距离及支承跨度大于 5 m 的大梁的内墙阳角至门窗洞边的距离，7、8、9 度时分别不宜小于 0.8 m、1.0 m、1.5 m。

②非承重的外墙尽端至门窗洞边的距离，7、8 度时不宜小于 0.8 m，9 度时不宜小于 1.0 m。

③楼梯间及门厅跨度不小于 6 m 的大梁，在砖墙转角处的支承长度不宜小于 490 mm。

④出屋面的楼梯间、电梯间和水箱间等小房间，8、9 度时墙体的砂浆强度等级不宜低于 M2.5；门窗洞口不宜过大；预制楼盖、屋盖与墙体应有连接。

(2)非结构构件的现有构造应符合下列要求。

①隔墙与两侧墙体或柱应有拉结，长度大于 5.1 m 或高度大于 3 m 时，墙顶还应与梁板有连接。

②无拉结女儿墙和门脸等装饰物，当砌筑砂浆的强度等级不低于 M2.5 且厚度为 240 mm 时，其突出屋面的高度，对整体性不良或非刚性结构的房屋不应大于 0.5 m；对刚性结构房屋的封闭女儿墙不宜大于 0.9 m。

第一级鉴定时，房屋的抗震承载力可采用抗震横墙间距和宽度的下列限值进行简化验算。

(1)层高在 3 m 左右，墙厚为 240 mm 的普通黏土砖房屋，当在层高的 1/2 处门窗洞所占的水平截面面积，对承重横墙不大于总截面面积的 25%、对承重纵墙不大于总截面面积的 50%时，其承重横墙间距和房屋宽度的限值宜按表 3-19 采用，设计基本地震加速度为 0.15 g 和 0.30 g 时，应按表中数值采用内插法确定；其他墙体的房屋，应按表 3-19 的限值乘以表 3-20 规定的抗震墙体类别修正系数采用。

(2)自承重墙的限值，可按本条第(1)款规定值的 1.25 倍采用。

(3)对《建筑抗震鉴定标准》(GB 50023—2009)条规定的情况，其限值宜按本条第(1)、(2)款规定值的 0.8 倍采用；突出屋面的楼梯间、电梯间和水箱间等小房间，其限值宜按本条第(1)、(2)款规定值的 1/3 采用。

表 3-19　抗震承载力简化验算的抗震横墙间距和房屋宽度限值(m)

楼层总数	检查楼层	砂浆强度等级																			
		M0.4		M1		M2.5		M5		M10		M0.4		M1		M2.5		M5		M10	
		L	B	L	B	L	B	L	B	L	B	L	B	L	B	L	B	L	B	L	B
		6 度										7 度									
二	2	6.9	10	11	15	15	15	—	—	—	—	4.8	7.1	7.9	11	12	15	15	15	—	—
	1	6.0	8.8	9.2	14	13	15	—	—	—	—	4.2	6.2	6.4	9.5	9.2	13	12	15	—	—
三	3	6.1	9.0	10	14	15	15	15	15	—	—	4.3	6.3	7.0	10	11	15	15	15	—	—
	1～2	4.7	7.1	7.0	11	9.8	14	14	15	—	—	3.3	5.0	5.0	7.4	6.8	10	9.2	13	—	—

（续表）

楼层总数	检查楼层	砂浆强度等级																			
		M0.4		M1		M2.5		M5		M10		M0.4		M1		M2.5		M5		M10	
		L	B	L	B	L	B	L	B	L	B	L	B	L	B	L	B	L	B	L	B
		6 度										7 度									
四	4	5.7	8.4	9.4	14	14	15	15	15	—	—	—	—	6.6	9.5	9.8	12	12	12	—	—
	3	4.3	6.3	6.6	9.6	9.3	14	13	15	—	—	—	—	4.6	6.7	6.5	9.5	8.9	12	—	—
	1～2	4.0	6.0	5.9	8.9	8.1	12	11	15	—	—	—	—	4.1	6.2	5.7	8.5	7.5	11	—	—
五	5	5.6	9.2	9.0	12	12	12	12	12	—	—	—	—	6.3	9.0	9.4	12	12	12	—	—
	4	3.8	6.5	6.1	9.0	8.7	12	12	12	—	—	—	—	4.3	6.3	6.1	8.9	8.3	12	—	—
	1～3	—	—	5.2	7.9	7.0	10	9.1	12	—	—	—	—	3.6	5.4	4.9	7.4	6.4	9.4	—	—
六	6	—	—	8.9	12	12	12	12	12	—	—	—	—	6.1	8.8	9.2	12	12	12	—	—
	5	—	—	5.9	8.6	8.3	12	11	12	—	—	—	—	4.1	6.0	5.8	8.5	7.8	11	—	—
	4	—	—	—	—	6.8	10	9.1	12	—	—	—	—	—	—	4.8	7.1	6.4	9.3	—	—
	1～3	—	—	—	—	6.3	9.4	8.1	12	—	—	—	—	—	—	4.4	6.6	5.7	8.4	—	—
七	7	—	—	8.2	12	12	12	12	12	—	—	—	—	—	—	3.9	7.2	3.9	7.2	—	—
	6	—	—	5.2	8.3	8.0	11	11	12	—	—	—	—	—	—	3.9	7.2	3.9	7.2	—	—
	5	—	—	—	—	6.4	9.6	8.5	12	—	—	—	—	—	—	3.9	7.2	3.9	7.2	—	—
	1～4	—	—	—	—	5.7	8.5	7.3	11	—	—	—	—	—	—	—	—	3.9	7.2	—	—
八	6～8	—	—	—	—	3.9	7.8	3.9	7.8	—	—	—	—	—	—	—	—	—	—	—	—
	1～5	—	—	—	—	3.9	7.8	3.9	7.8	—	—	—	—	—	—	—	—	—	—	—	—
二	2	—	—	5.3	7.8	7.8	12	10	15	—	—	—	—	3.1	4.6	4.7	7.1	6.0	9.2	11	11
	1	—	—	4.3	6.4	6.2	8.9	8.4	12	—	—	—	—	—	—	3.7	5.3	5.0	7.1	6.4	9.0
三	3	—	—	4.7	6.7	7.0	9.9	9.7	14	13	15	—	—	—	—	4.2	5.9	5.8	8.2	7.7	10
	1～2	—	—	3.3	4.9	4.6	6.8	6.2	8.8	7.7	11	—	—	—	—	—	—	3.7	5.3	4.6	6.7
四	4	—	—	4.4	5.7	6.5	9.2	9.1	12	12	12	—	—	—	—	—	—	3.3	5.8	3.3	5.9
	3	—	—	—	—	4.3	6.3	5.9	8.5	7.6	11	—	—	—	—	—	—	—	—	3.3	4.8
	1～2	—	—	—	—	3.8	5.1	5.0	7.3	6.2	9.1	—	—	—	—	—	—	—	—	2.8	4.0

（续表）

楼层总数	检查楼层	砂浆强度等级																			
		M0.4		M1		M2.5		M5		M10		M0.4		M1		M2.5		M5		M10	
		L	B	L	B	L	B	L	B	L	B	L	B	L	B	L	B	L	B	L	B
		6 度										7 度									
五	5	—	—	—	—	6.3	8.9	8.8	12	11	12	—	—	—	—	—	—	—	—	—	—
	4	—	—	—	—	4.1	5.9	5.5	7.8	7.1	10	—	—	—	—	—	—	—	—	—	—
	1～3	—	—	—	—	3.3	4.5	4.3	6.3	5.3	7.8	—	—	—	—	—	—	—	—	—	—
六	6	—	—	—	—	3.9	6.0	3.9	6.0	3.9	5.9	—	—	—	—	—	—	—	—	—	—
	5	—	—	—	—	—	—	3.9	5.5	3.9	5.9	—	—	—	—	—	—	—	—	—	—
	4	—	—	—	—	—	—	3.2	4.7	3.9	5.9	—	—	—	—	—	—	—	—	—	—
	1～3	—	—	—	—	—	—	—	—	3.9	5.9	—	—	—	—	—	—	—	—	—	—

注：(1)L 指 240 mm 厚承重横墙间距限值；楼、屋盖为刚性时取平均值，柔性时取最大值，中等刚性可相应换算。

(2)B 指 240 mm 厚纵墙承重的房屋宽度限值；有一道同样厚度的内纵墙时可取 1.4 倍，有 2 道时可取 1.8 倍；平面局部突出时，房屋宽度可按加权平均值计算。

(3)楼盖为混凝土而屋盖为木屋架或钢木屋架时，表中顶层的限值宜乘以 0.7。

表 3-20　抗震墙体类别修正系数

墙体类别	空斗墙	空心墙		多孔砖墙	小型砌块墙	中型砌块墙	实心墙		
厚度(mm)	240	300	420	190	t	t	180	370	480
修正系数	0.6	0.9	1.4	0.8	$0.8t/240$	$0.6t/240$	0.75	1.4	1.8

注：t 指小型砌块墙体的厚度。

多层砌体房屋符合本节各项规定可评为综合抗震能力满足抗震鉴定要求；当遇下列情况之一时，可不再进行第二级鉴定，但应评为综合抗震能力不满足抗震鉴定要求，且要求对房屋采取加固或其他相应措施。

(1)房屋高宽比大于 3，或横墙间距超过刚性体系最大值 4 m。

(2)纵横墙交接处连接不符合要求，或支承长度少于规定值的 75%。

(3)仅有易损部位非结构构件的构造不符合要求。

(4)本节的其他规定有多项明显不符合要求。

2. A类砌体房屋第二级抗震鉴定

A类砌体房屋采用综合抗震能力指数的方法进行第二级鉴定时,应根据房屋不符合第一级鉴定的具体情况,分别采用楼层平均抗震能力指数方法、楼层综合抗震能力指数方法和墙段综合抗震能力指数方法。

A类砌体房屋的楼层平均抗震能力指数、楼层综合抗震能力指数和墙段综合抗震能力指数应按房屋的纵横两个方向分别计算。当最弱楼层平均抗震能力指数、最弱楼层综合抗震能力指数或最弱墙段综合抗震能力指数大于等于1.0时,应评定为满足抗震鉴定要求;当小于1.0时,应要求对房屋采取加固或其他相应措施。

现有结构体系、整体性连接和易引起倒塌的部位符合第一级鉴定要求,但横墙间距和房屋宽度均超过或其中一项超过第一级鉴定限值的房屋,可采用楼层平均抗震能力指数方法进行第二级鉴定。楼层平均抗震能力指数应按下式计算:

$$\beta_i = A_i / (A_{bi} \xi_{0i} \lambda) \tag{3-28}$$

式中:

β_i——第 i 楼层纵向或横向墙体平均抗震能力指数;

A_i——第 i 楼层纵向或横向抗震墙在层高1/2处净截面积的总面积,其中不包括高宽比大于4的墙段截面面积;

A_{bi}——第 i 楼层建筑平面面积;

ξ_{0i}——第 i 楼层纵向或横向抗震墙的基准面积率,按《建筑抗震鉴定标准》(GB 50023—2009)附录B采用;

λ——烈度影响系数;6、7、8、9度时,分别按0.7、1.0、1.5和2.5采用,设计基本地震加速度为0.15 g和0.30 g,分别按1.25和2.0采用。当场地处于《建筑抗震鉴定标准》(GB 50023—2009)第4.1.3条规定的不利地段时,尚应乘以增大系数1.1~1.6。

现有结构体系、楼(屋)盖整体性连接、圈梁布置和构造及易引起局部倒塌的结构构件不符合第一级鉴定要求的房屋,可采用楼层综合抗震能力指数方法进行第二级鉴定，并应符合下列规定：

（1）楼层综合抗震能力指数应按下式计算：

$$\beta_{ci}=\psi_1\psi_2\beta_i \tag{3-29}$$

式中：

β_{ci}——第 i 楼层的纵向或横向墙体综合抗震能力指数；

ψ_1——体系影响系数，可按本条第 2 款确定；

ψ_2——局部影响系数，可按本条第 3 款确定。

（2）体系影响系数可根据房屋不规则性、非刚性和整体性连接不符合第一级鉴定要求的程度，经综合分析后确定；也可由表 3-21 各项系数的乘积确定。当砖砌体的砂浆强度等级为 M0.4 时，尚应乘以 0.9；丙类设防的房屋当有构造柱或芯柱时，尚可根据满足《建筑抗震鉴定标准》(GB 50023—2009)第 5.3 节相关规定的程度乘以 1.0～1.2 的系数；乙类设防的房屋，当构造柱或芯柱不符合规定时，尚应乘以 0.8～0.95 的系数。

（3）局部影响系数可根据易引起局部倒塌各部位不符合第一级鉴定要求的程度，经综合分析后确定；也可由表 3-22 各项系数中的最小值确定。

表 3-21　体系影响系数值

项目	不符合的程度	ψ_1	影响范围
房屋高宽比	$2.2<\eta<2.6$	0.85	上部 1/3 楼层
	$2.6<\eta<3.0$	0.75	上部 1/3 楼层
横墙间距	超过《建筑抗震鉴定标准》GB 50023—2009 表 5.2.2 最大值 4 m 以内	0.90 1.00	楼层的 β_{ci} 墙段的 β_{cij}
错层高度	>0.5 m	0.90	错层上下
立面高度变化	超过一层	0.90	所有变化的楼层
相邻楼层的墙体刚度比	$2<\lambda<3$ $\lambda>3$	0.85 0.75	刚度小的楼层 刚度小的楼层
楼、屋盖构件的支承长度	比规定少 15%以内	0.90	不满足的楼层
	比规定少 15%～25%	0.80	不满足的楼层

(续表)

项目	不符合的程度	ψ_1	影响范围
圈梁布置和构造	屋盖外墙不符合	0.70	顶层
	楼盖外墙一道不符合	0.90	缺圈梁的上、下楼层
	楼盖外墙二道不符合	0.80	所有楼层
	内墙不符合	0.90	不满足的上、下楼层

注：单项不符合的程度超过表内规定或不符合的项目超过 3 项时，应采取加固或其他相应措施。

表 3-22 局部影响系数值

项目		不符合的程度	ψ_2	影响范围
墙体局部尺寸		比规定少 10%以内	0.95	不满足的楼层
		比规定少 10%～20%	0.90	不满足的楼层
楼梯间等大梁的支承长度 l		370 mm$<l<$490 mm	0.80	该楼层的 β_{ci}
			0.70	该墙段的 β_{cij}
出屋面小房间			0.33	出屋面小房间
支承悬挑结构构件的承重墙体			0.80	该楼层和墙段
房屋尽端设过街楼或楼梯间			0.80	该楼层和墙段
有独立砌体柱承重的房屋	柱顶有拉结		0.80	楼层、柱两侧相邻墙
	柱顶无拉结		0.60	段楼层、柱两侧相邻墙段

注：不符合的程度超过表内规定时，应采取加固或其他相应措施。

实际横墙间距超过刚性体系规定的最大值、有明显扭转效应和易引起局部倒塌的结构构件不符合第一级鉴定要求的房屋，当最弱的楼层综合抗震能力指数小于 1.0 时，可采用墙段综合抗震能力指数方法进行第二级鉴定。墙段综合抗震能力指数应按下式计算：

$$\beta_{cij}=\psi_1\psi_2\beta_{ij} \tag{3-30}$$

$$\beta_{ij}=A_{ij}/(A_{bij}\xi_{0i}\lambda) \tag{3-31}$$

式中：

c_{ij}——第 i 层第 j 墙段综合抗震能力指数；

β_{ij}——第 i 层第 j 墙段抗震能力指数；

A_{ij}——第 i 层第 j 墙段在 1/2 层高处的净截面面积；

A_{bij}——第 i 层第 j 墙段考虑楼盖刚度影响的从属面积。

注：考虑扭转效应时，式(3-30)中尚包括扭转效应系数，其值可按现行国家标准《建筑抗震设计规范》(GB 50011—2010)的规定，取该墙段不考虑与考虑扭转时的内力比。

房屋的质量和刚度沿高度分布明显不均匀，或 7、8、9 度时房屋的层数分别超过六、五、三层，可按 B 类砌体房屋抗震性能鉴定的方法进行抗震承载力验算，并可按楼层综合抗震能力指数方法的规定估算构造的影响，由综合评定进行第二级鉴定。

(二)B 类砌体房屋抗震性能鉴定

1. B 类砌体房屋第一级抗震鉴定

现有 B 类多层砌体房屋实际的层数和总高度不应超过表 3-23 规定的限值；对教学楼、医疗用房等横墙较少的房屋总高度，应比表 3-23 的规定降低 3 m，层数相应减少一层；各层横墙很少的房屋，还应再减少一层。

当房屋层数和高度超过最大限值时，应提高对综合抗震能力的要求或提出采取改变结构体系等抗震减灾措施。

表 3-23　B 类多层砌体房屋的层数和总高度限值(m)

砌体类别	最小墙厚(mm)	烈度							
		6		7		8		9	
		高度	层数	高度	层数	高度	层数	高度	层数
普通砖	240	24	八	21	七	18	六	12	四
多孔砖	240	21	七	21	七	18	六	12	四
	190	21	七	18	六	15	五	不宜采用	
混凝土小砌块	190	21	七	18	六	15	五		
混凝土中砌块	200	18	六	15	五	9	三		
粉煤灰中砌块	240	18	六	15	五	9	三		

注：(1)房屋高度计算方法同现行国家标准《建筑抗震设计规范》(GB 50011—2010)的规定；

(2)乙类设防时应允许按本地区设防烈度查表，但层数应减少一层且总高度降低 3 m。

现有普通砖和 240 mm 厚多孔砖房屋的层高，不宜超过 4 m；190 mm 厚多孔砖和砌块房屋的层高，不宜超过 3.6 m。

现有多层砌体房屋的结构体系，应符合下列要求。

（1）房屋抗震横墙的最大间距，不应超过表 3-24 的要求。

表 3-24　B 类多层砌体房屋的抗震横墙最大间距(m)

楼、屋盖类别	普通砖、多孔砖房屋				中砌块房屋			小砌块房屋		
	6 度	7 度	8 度	9 度	6 度	7 度	8 度	6 度	7 度	8 度
现浇和装配整体式钢筋混凝土	18	18	15	11	13	13	10	15	15	11
装配式钢筋混凝土	15	15	11	7	10	10	7	11	11	7
木结构	11	11	7	4	不宜采用					

（2）房屋总高度与总宽度的最大比值（高宽比），宜符合表 3-25 的要求。

表 3-25　房屋最大高宽比

烈度	6	7	8	9
最大高宽比	2.5	2.5	2.0	1.5

注：单面走廊房屋的总宽度不包括走廊宽度。

（3）纵横墙的布置宜均匀对称，沿平面内宜对齐，沿竖向应上下连续；同一轴线上的窗间墙宽度宜均匀。

（4）8、9 度时，房屋立面高差在 6 m 以上，或有错层，且楼板高差较大，或各部分结构刚度、质量截然不同时，宜有防震缝，缝两侧均应有墙体，缝宽宜为 50～100 mm。

（5）房屋的尽端和转角处不宜有楼梯间。

（6）跨度不小于 6 m 的大梁，不宜由独立砖柱支承；乙类设防时不应由独立砖柱支承。

（7）教学楼、医疗用房等横墙较少、跨度较大的房间，宜为现浇或装配整体式楼盖、屋盖。

(8)同一结构单元的基础(或桩承台)宜为同一类型,底面宜埋置在同一标高上,否则应有基础圈梁并应按 1∶2 的台阶逐步放坡。

多层砌体房屋材料实际达到的强度等级,应符合下列要求。

(1)承重墙体的砌筑砂浆实际达到的强度等级,砖墙体不应低于 M2.5,砌块墙体不应低于 M5。

(2)砌体块材实际达到的强度等级,普通砖、多孔砖不应低于 MU7.5,混凝土小砌块不宜低于 MU5,混凝土中型砌块、粉煤灰中砌块不宜低于 MU10。

(3)构造柱、圈梁、混凝土小砌块芯柱实际达到的混凝土强度等级不宜低于 C15,混凝土中砌块芯柱混凝土强度等级不宜低于 C20。

现有砌体房屋的整体性连接构造,应符合下列要求。

(1)墙体布置在平面内应闭合,纵横墙交接处应咬槎砌筑,烟道、风道、垃圾道等不应削弱墙体,当墙体被削弱时,应对墙体采取加强措施。

(2)现有砌体房屋在下列部位应有钢筋混凝土构造柱或芯柱。

①砖砌体房屋的钢筋混凝土构造柱应按表 3-26 要求检查,粉煤灰中砌块房屋应根据增加一层后的层数,按表 3-26 的要求检查。

表 3-26　砖砌体房屋构造柱设置要求

<table>
<tr><th colspan="4">房屋层数</th><th colspan="2" rowspan="2">设置部位</th></tr>
<tr><th>6 度</th><th>7 度</th><th>8 度</th><th>9 度</th></tr>
<tr><td>四、五</td><td>三、四</td><td>二、三</td><td>一</td><td rowspan="3">外墙四角,错层部位横墙与外纵墙交接处,较大洞口两侧,大房间内外墙交接处</td><td>7、8 度时,楼、电梯间四角</td></tr>
<tr><td>六～八</td><td>五、六</td><td>四</td><td>二</td><td>隔开间横墙(轴线)与外墙交接处,山墙与内纵墙交接处;7～9 度时,楼、电梯间四角</td></tr>
<tr><td>一</td><td>七</td><td>五、六</td><td>三、四</td><td>内墙(轴线)与外墙交接处,内墙的局部较小墙垛处;7～9 度时,楼、电梯间四角;9 度时内纵墙与横墙(轴线)交接处</td></tr>
</table>

②混凝土小砌块房屋的钢筋混凝土芯柱应按表3-27的要求检查。

表3-27 混凝土小砌块房屋芯柱设置要求

<table>
<tr><th colspan="3">房屋层数</th><th rowspan="2">设置部位</th><th rowspan="2">设置数量</th></tr>
<tr><th>6度</th><th>7度</th><th>8度</th></tr>
<tr><td>四、五</td><td>三、四</td><td>二、三</td><td>外墙转角，楼梯间四角；大房间内外墙交接处</td><td rowspan="2">外墙四角，填实3个孔；内外墙交接处，填实4个孔</td></tr>
<tr><td>六</td><td>五</td><td>四</td><td>外墙转角，楼梯间四角，大房间内外墙交接处，山墙与内纵墙交接处，隔开间横墙（轴线）与外纵墙交接处</td></tr>
<tr><td>七</td><td>六</td><td>五</td><td>外墙转角，楼梯间四角，大房间内外墙交接处；各内墙（轴线）与外纵墙交接处；8度时，内纵墙与横墙（轴线）交接处和门洞两侧</td><td>外墙四角，填实5个孔；内外墙交接处，填实4个孔；内墙交接处，填实4～5个孔；洞口两侧各填实1个孔</td></tr>
</table>

③混凝土中砌块房屋的钢筋混凝土芯柱应按表3-28的要求检查。

表3-28 混凝土中砌块房屋芯柱设置要求

烈度	设置部位
6、7度	外墙四角，楼梯间四角，大房间内外墙交接处，山墙与内纵墙交接处，隔开间横墙（轴线）与外纵墙交接处
8度	外墙四角，楼梯间四角，横墙（轴线）与纵墙交接处，横墙门洞两侧，大房间内外墙交接处

④外廊式和单面走廊式的多层房屋，应根据房屋增加一层后的层数，分别按本款第①～③项的要求检查构造柱或芯柱，且单面走廊两侧的纵墙均应按外墙处理。

⑤教学楼、医疗用房等横墙较少的房屋，应根据房屋增加一层后的层数，分别按本款第①～③项的要求检查构造柱或芯柱；当教学楼、医疗用房等横墙较少的房屋为外廊式或单面走廊式时，应按本款第①～④项的要求

检查，但 6 度不超过四层、7 度不超过三层和 8 度不超过二层时应按增加二层后的层数进行检查。

（3）钢筋混凝土圈梁的布置与配筋，应符合下列要求。

①装配式钢筋混凝土楼盖、屋盖或木楼盖、屋盖的砖房，横墙承重时，现浇钢筋混凝土圈梁应按表 3-29 的要求检查；纵墙承重时每层均应有圈梁，且抗震横墙上的圈梁间距应比表 3-29 的规定适当加密。

②砌块房屋采用装配式钢筋混凝土楼盖时，每层均应有圈梁，圈梁的间距应按表 3-29 提高一度的要求检查。

（4）现有房屋楼、屋盖及其与墙体的连接应符合下列要求。

①现浇钢筋混凝土楼板或屋面板伸进外墙和不小于 240 mm 厚内墙的长度，不应小于 120 mm；伸进 190 mm 厚内墙的长度不应小于 90 mm。

②装配式钢筋混凝土楼板或屋面板，当圈梁未设在板的同一标高时，板端伸进外墙的长度不应小于 120 mm，伸进不小于 240 mm 厚内墙的长度不应小于 100 mm，伸进 190 mm 厚内墙的长度不应小于 80 mm，在梁上不应小于 80 mm。

表 3-29　多层砖房现浇钢筋混凝土圈梁设置和配筋要求

墙类和配筋量		烈度		
		6、7 度	8 度	9 度
墙类	外墙和内纵墙	屋盖处及隔层楼盖处应有	屋盖处及每层楼盖处应有	屋盖处及每层楼盖处应有
	内横墙	屋盖处及隔层楼盖处应有；屋盖处间距不应大于 7 m；楼盖处间距不应大于 15 m；构造柱对应部位	屋盖处及每层楼盖处均应有；屋盖处沿所有横墙，且间距不应大于 7 m；楼盖处间距不应大于 7 m；构造柱对应部位	屋盖处及每层楼盖处均应有；各层所有横墙应有
最小纵筋		$4\varphi8$	$4\varphi10$	$4\varphi12$
最大箍筋间距(mm)		250	200	150

③当板的跨度大于4.8 m并与外墙平行时，靠外墙的预制板侧边与墙或圈梁应有拉结。

④房屋端部大房间的楼盖，8度时房屋的屋盖和9度时房屋的楼盖、屋盖，当圈梁设在板底时，钢筋混凝土预制板应相互拉结，并应与梁、墙或圈梁拉结。

(5)钢筋混凝土构造柱(或芯柱)的构造与配筋，尚应符合下列要求。

①砖砌体房屋的构造柱最小截面可为240 mm×180 mm，纵向钢筋宜为4φ12，箍筋间距不宜大于250 mm，且在柱上下端宜适当加密，7度时超过六层、8度时超过五层和9度时，构造柱纵向钢筋宜为4φ14，箍筋间距不应大于200 mm。

②混凝土小砌块房屋芯柱截面，不宜小于120 mm×120 mm；构造柱最小截面尺寸可为240 mm×240 mm。芯柱(或构造柱)与墙体连接处应有拉结钢筋网片，竖向插筋应贯通墙身且与每层圈梁连接；插筋数量混凝土小砌块房屋不应少于1φ12，混凝土中砌块房屋，6度和7度时不应少于1φ14或2φ10，8度时不应少于1φ16或2φ12。

③构造柱与圈梁应有连接；隔层设置圈梁的房屋，在无圈梁的楼层应有配筋砖带，仅在外墙四角有构造柱时，在外墙上应伸过一个开间，其他情况应在外纵墙和相应横墙上拉通，其截面高度不应小于四皮砖，砂浆强度等级不应低于M5。

④构造柱与墙连接处宜砌成马牙槎，并应沿墙高每隔500 mm有2φ6拉结钢筋，每边伸入墙内不宜小于1 m。

⑤构造柱应伸入室外地面下500 mm，或锚入浅于500 mm的基础圈梁内。

(6)钢筋混凝土圈梁的构造与配筋，尚应符合下列要求。

①现浇或装配整体式钢筋混凝土楼、屋盖与墙体有可靠连接的房屋，可无圈梁，但楼板应与相应的构造柱有钢筋可靠连接；6～8度砖拱楼盖、屋盖房屋，各层所有墙体均应有圈梁。

②圈梁应闭合，遇有洞口应上下搭接。圈梁宜与预制板设在同一标高处或紧靠板底。

③圈梁在表 3-29 要求的间距内无横墙时，可利用梁或板缝中配筋替代圈梁。

④圈梁的截面高度不应小于 120 mm，当需要增设基础圈梁以加强基础的整体性和刚性时，截面高度不应小于 180 mm，配筋不应少于 4φ12，砖拱楼、屋盖房屋的圈梁应按计算确定，但不应少于 4φ10。

(7)砌块房屋墙体交接处或芯柱、构造柱与墙体连接处的拉结钢筋网片，每边伸入墙内不宜小于 1 m，且应符合下列要求：

①混凝土小砌块房屋沿墙高每隔 600 mm 有 φ4 点焊的钢筋网片；

②混凝土中砌块房屋隔皮有 φ6 点焊的钢筋网片；

③粉煤灰中砌块 6、7 度时隔皮、8 度时每皮有 φ6 点焊的钢筋网片。

(8)房屋的楼盖、屋盖与墙体的连接尚应符合下列要求。

①楼盖、屋盖的钢筋混凝土梁或屋架应与墙、柱(包括构造柱、芯柱)或圈梁可靠连接，梁与砖柱的连接不应削弱柱截面，各层独立砖柱顶部应在两个方向均有可靠连接。

②坡屋顶房屋的屋架应与顶层圈梁有可靠连接，檩条或屋面板应与墙及屋架有可靠连接，房屋出入口和人流通道处的檐口瓦应与屋面构件锚固；8 度和 9 度时，顶层内纵墙顶宜有支撑端山墙的踏步式墙垛。

(9)房屋中易引起局部倒塌的部件及其连接，应分别符合下列规定。

后砌的非承重砌体隔墙应沿墙高每隔 500 mm 有 2φ6 钢筋与承重墙或柱拉结，并每边伸入墙内不应小于 500 mm，8 度和 9 度时长度大于 5.1 m 的后砌非承重砌体隔墙的墙顶，尚应与楼板或梁有拉结。

(10)下列非结构构件的构造不符合要求时，位于出入口或人流通道处应加固或采取相应措施：

①预制阳台应与圈梁和楼板的现浇板带有可靠连接；

②钢筋混凝土预制挑檐应有锚固；

③附墙烟囱及出屋面的烟囱应有竖向配筋。

(11)门窗洞处不应为无筋砖过梁；过梁支承长度，6～8 度时不应小于 240 mm，9 度时不应小于 360 mm。

(12)房屋中砌体墙段实际的局部尺寸，不宜小于表 3-30 的规定。

表 3-30　房屋的局部尺寸限值(m)

部位	烈度			
	6 度	7 度	8 度	9 度
承重窗间墙最小宽度	1.0	1.0	1.2	1.5
承重外墙尽端至门窗洞边的最小距离	1.0	1.0	1.5	2.0
非承重外墙尽端至门窗洞边的最小距离	1.0	1.0	1.0	1.0
内墙阳角至门窗洞边的最小距离	1.0	1.0	1.5	2.0
无锚固女儿墙(非出入口或人流通道处)最大高度	0.5	0.5	0.5	0.0

(13)楼梯间应符合下列要求。

①8 度和 9 度时,顶层楼梯间横墙和外墙宜沿墙高每隔 500 mm 有 $2\varphi6$ 通长钢筋;9 度时其他各层楼梯间墙体应在休息平台或楼层半高处有 60 mm 厚的配筋砂浆带,其砂浆强度等级不应低于 M5,钢筋不宜少于 $2\varphi10$。

②8 度和 9 度时,楼梯间及门厅内墙阳角处的大梁支承长度不应小于 500 mm,并应与圈梁有连接。

③突出屋面的楼梯间、电梯间,构造柱应伸到顶部,并与顶部圈梁连接,内外墙交接处应沿墙高每隔 500 mm 有 $2\varphi6$ 拉结钢筋,且每边伸入墙内不应小于 1 m。

④装配式楼梯段应与平台板的梁有可靠连接,不应有墙中悬挑式踏步或踏步竖肋插入墙体的楼梯,不应有无筋砖砌栏板。

2. B 类砌体房屋第二级抗震鉴定

B 类现有砌体房屋的抗震分析,可采用底部剪力法,并可按现行国家标准《建筑抗震设计规范》(GB 50011—2010)规定只选择从属面积较大或竖向应力较小的墙段进行抗震承载力验算;当抗震措施不满足《建筑抗震鉴定标准》(GB 50023—2009)第 5.3.1～5.3.11 条要求时,可按不满足《建筑抗震鉴定标准》(GB 50023—2009)第 5.2 节第二级鉴定的方法综合考虑构造的整体影响和局部影响,其中,当构造柱或芯柱的设置不满足本节的相关规定时,体系影响系数尚应根据不满足程度乘以 0.8～0.95 的系数。当场地处于不满足《建筑抗震鉴定标准》(GB 50023—2009)第4.1.3条规定的不利地段时，尚应乘以增大系数1.1～1.6。

各类砌体沿阶梯形截面破坏的抗震抗剪强度设计值，应按下式确定：

$$f_{vE}=\zeta_N f_v \tag{3-32}$$

式中：

f_{vE}——砌体沿阶梯形截面破坏的抗震抗剪强度设计值(MPa)；

f_v——非抗震设计的砌体抗剪强度设计值(MPa)，按《建筑抗震鉴定标准》(GB 50023—2009)表A.0.1-2采用；

ζ_N——砌体抗震抗剪强度的正应力影响系数，按表3-31采用。

表3-31　砌体抗震抗剪强度的正应力影响系数

砌体类别	σ_0/f_v								
	0.0	1.0	3.0	5.0	7.0	10.0	15.0	20.0	25.0
普通砖、多孔砖	0.80	1.00	1.28	1.50	1.70	1.95	2.32	—	—
粉煤灰中砌块 混凝土中砌块	—	1.18	1.54	1.90	2.20	2.65	3.40	4.15	4.90
混凝土小砌块	—	1.25	1.75	2.25	2.60	3.10	3.95	4.80	—

注：σ_0为对应于重力荷载代表值的砌体截面平均压应力。

普通砖、多孔砖、粉煤灰中砌块和混凝土中砌块墙体的截面抗震承载力，应按下式验算：

$$V\leqslant f_{vE}A/\gamma_{RE} \tag{3-33}$$

式中：

V——墙体剪力设计值(kN)；

f_{vE}——砌体沿阶梯形截面破坏的抗震抗剪强度设计值(MPa)；

A——墙体横截面面积(mm²)；

γ_{RE}——抗震鉴定的承载力调整系数，应按不满足《建筑抗震鉴定标准》(GB 50023—2009)第3.0.5条采用。

当按式3-33验算不满足时，可计入设置于墙段中部、截面不小于240 mm×240 mm且间距不大于4 m的构造柱对受剪承载力的提高作用，按下列简化方法验算：

$$V \leqslant \frac{1}{\gamma_{Ra}}[\eta_c f_{vE}(A-A_c)+\zeta f_t A_c+0.08 f_y A_s] \tag{3-34}$$

式中：

A_c——中部构造柱的横截面总面积（mm^2）（对横墙内和内纵墙，$A_c>0.15$ A 时，取 0.15 A；对外纵墙，$A_c>0.25$ A 时，取 0.25 A）；

f_t——中部构造柱的混凝土轴心抗拉强度设计值（MPa），按不满足《建筑抗震鉴定标准》（GB 50023—2009）表 A.0.2-2 采用；

A_s——中部构造柱的纵向钢筋截面总面积（mm^2）（配筋率不小于 0.6%，大于 1.4%取 1.4%）；

f_y——钢筋抗拉强度设计值（MPa），按不满足《建筑抗震鉴定标准》（GB 50023—2009）表 A.0.3-2 采用；

ζ——中部构造柱参与工作系数；居中设一根时取 0.5，多于一根取 0.4；

η_c——墙体约束修正系数；一般情况下取 1.0，构造柱间距不大于 2.8 m 时取 1.1。

横向配筋普通砖、多孔砖墙的截面抗震承载力，可按下式验算：

$$V \leqslant \frac{1}{\gamma_{Ra}}(f_{vE}A+0.15 f_y A_s) \tag{3-35}$$

式中：

A_s——层间竖向截面中钢筋总截面面积。

混凝土小砌块墙体的截面抗震承载力，应按下式验算：

$$V \leqslant \frac{1}{\gamma_{Ra}}[f_{vE}A+(0.3 f_t A_c+0.05 f_y A_s)\zeta_c] \tag{3-36}$$

式中：

f_t——芯柱混凝土轴心抗拉强度设计值（MPa），按本标准表 A.0.2-2 采用；

A_c——芯柱截面总面积（mm^2）；

A_s——芯柱钢筋截面总面积（mm^2）；

ζ_c——芯柱影响系数，可按表 3-32 采用；

γ_{Ra}——抗震鉴定的承载力调整系数。

表 3-32　芯柱影响系数

填孔率 ρ	$\rho<0.15$	$0.15\leqslant\rho<0.25$	$0.25\leqslant\rho<0.5$	$\rho\geqslant0.5$
ζ_c	0.0	1.0	1.10	1.15

注：填孔率指芯柱根数与孔洞总数之比。

各层层高相当且较规则均匀的B类多层砌体房屋，尚可按不满足《建筑抗震鉴定标准》(GB 50023—2009)第5.2.12～5.2.15条的规定采用楼层综合抗震能力指数的方法进行综合抗震能力验算。其中，式(3-28)中的烈度影响系数，6、7、8、9度时应分别按0.7、1.0、2.0和4.0采用，设计基本地震加速度为0.15 g和0.30 g时应分别按1.5和2.0采用。

(三)C类砌体房屋抗震性能鉴定

C类砌体房屋抗震性能鉴定应按现行国家标准《建筑抗震设计规范》(GB 50011—2010)的要求进行抗震鉴定。

第四章　钢结构房屋主体结构安全性与抗震性能鉴定方法

钢结构是由钢制材料组成的结构，主要由型钢和钢板等制成的钢梁、钢柱、钢桁架等构件组成。根据钢结构的受力体系特点，检测鉴定的重点为地基基础对上部结构的影响，钢梁钢柱的尺寸、力学性能，钢柱支撑、屋面支撑，系杆、檩条隅撑配置情况，结构体系的规则性、整体性等，具体方法如下。

第一节　现场检测方法

一、绘制工程结构现状图

当所要鉴定的工程图纸资料均已缺失时，应现场进行测绘，绘制工程结构现场图。由于工程图纸资料缺失，原有的结构构件尺寸、结构布置、结构体系等数据均已缺失，所以首要的任务就是将现有建筑房屋的结构情况进行复原。一般现场的工作流程为，根据现场情况绘制轴网，然后采用钢卷尺及激光测距仪将框架柱根据现场实际位置测绘到轴网中。测量柱截面尺寸时，应该选取柱的一边测量柱中部、下部及其他部位，取 3 点的平均值。将框架梁截面尺寸确定好以后，根据与相应柱的相对位置，测绘到柱网上，梁高尺寸测量时，量测一侧边跨中及两个距离支座 0.1 m 处，取 3 点的平均值，量测时可取腹板高度加上此处楼板的实测厚度。楼板厚度可采用非金属板厚测试仪进行检测，悬挑板取距离支座 0.1 m 处，沿宽度方向包括中心位置在内的随机 3 点取平均值，其他楼板，在同一对角线上量测中间及距离两端各 0.1 m 处，取 3 点的平均值。[以上具体测量方法依据《混凝土结构工程施工质量验收规范》(GB 50204—2015)附录 F]

由于资料全部缺失，无法查明建筑物地基的实际承载情况，此时根据后续使用荷载的情况分为以下两类考虑。第一类，对于鉴定后期使用荷载与之前变化不大时，可根据建筑物上部结构是否存在地基不均匀沉降的反应进行评定，如果上部结构没有发生因地基不均匀沉降导致的一系列现象，则说明在原有荷载的使用情况下，该地基能够有充足的承载能力。如果存在由于不均匀沉降导致上部主体结构存在沉降裂缝，说明在原有荷载使用情况下，该场地地基承载力已不足，那么就需要对该建筑进行沉降观测，如果沉降观测显示没有继续沉降的迹象，说明该建筑地基已趋于稳定，沉降后的地基承载力基本上能满足现有结构的正常使用；如果沉降观测显示还有继续沉降的迹象，说明该建筑地基还没有趋于稳定，现有地基承载力不能满足现有结构的正常使用，此时应该对场地地基进行近位勘察或者沉降观测，根据地质勘察结果确定场地地基的岩土性能标准值和地基承载力特征值，将实际勘察得到场地地基的岩土性能标准值和地基承载力特征值注明在结构现状图中，后期根据上部结构整体计算结果确定应该需要的地基承载力特征值大小，制订地基处理方案。第二类，如果鉴定后期使用荷载与之前变化较大时，应该对场地地基进行近位勘察或者沉降观测，根据地质勘察结果确定场地地基的岩土性能标准值和地基承载力特征值，将实际勘察得到场地地基的岩土性能标准值和地基承载力特征值注明在结构现状图中。

由于资料全部缺失，现有结构的基础形式、尺寸、埋深等均无法确定，此时根据后续使用荷载的情况分两类考虑。第一类，对于鉴定后期使用荷载与之前变化不大时(一般后期使用荷载不超过原有使用荷载的 5%)，可根据建筑物上部结构是否存在基础损坏的反应进行评定，如果上部结构没有发生因基础损坏导致的一系列现象，则说明在原有荷载的使用情况下，该基础能够有充足的承载能力。如果存在由于基础损坏导致上部主体结构存在裂缝，说明在原有荷载使用情况下，该基础承载力已不足，此时需要根据上部结构的结构布置，将受力类似的竖向构件归为一个组，然后对该组基础进行开挖 1 处或 2 处，将开挖后的基础类型、尺寸、埋深、材料强度等数据绘制到结构现状图中。第二类，如果鉴定后期使用荷载与之前变化较大时，此时需要根据上部结构的结构布置，将受力类似的竖向构件归为一个组，然后对该组基础进行开挖 1 处或 2 处，将开挖后的基础类型、尺寸、埋深、材料强度等数据绘制到结构现状图中。

这样，根据上述几个步骤的操作，所鉴定房屋的基本结构体系、结构布置、楼层数量、构件尺寸等基本参数就可以在结构现状图中绘制出来，同时也为后期的检测鉴定工作提供了帮助和支撑。

当所要鉴定的工程图纸资料完整齐全时，可在现场进行校核性检测，当符合原设计要求时，可采用原设计资料给出的结果，当校核性检测不符合原设计要求时，可根据无设计图纸资料的情况进行详细测绘，绘制结构布置图。

二、结构构件外观损伤、焊缝质量、锈蚀、变形及裂纹

对于钢结构，主要的外观质量问题有以下几点：由于机械、人为磕碰发生损伤；焊缝存在夹渣、咬边、开裂、焊瘤等质量问题；钢结构锈蚀情况；钢结构构件因承载力不足等导致过大变形；钢结构由于疲劳工作产生的裂纹等情况。

现场应该参照之前绘制的结构现状图，将每一层每一个构件的外观质量问题进行记录，并对每种质量问题进行量化测量。对于机械、人为磕碰发生损伤等问题，应记录损伤的位置、范围、大小等情况；对于焊缝存在夹渣、咬边、开裂、焊瘤等质量问题，应记录焊缝夹渣、咬边、开裂、焊瘤等具体情况；对于钢结构锈蚀情况，应该记录钢结构锈蚀的范围、位置、锈蚀程度等情况；对于钢结构构件因承载力不足等导致过大变形等情况，应该记录变形的位置、大小等情况；对于钢结构由于疲劳工作产生的裂纹的问题，应记录裂纹产生的位置、大小等情况。

三、焊缝内部缺陷超声波检测

根据质量要求，检验等级可按下列规定划分为 A、B、C 三级。

(1)A 级检验：采用一种角度探头在焊缝的单面单侧进行检验，只对允许扫查到的焊缝截面进行探测。一般可不要求作横向缺陷的检验。母材厚度大于 50 mm 时，不得采用 A 级检验。

(2)B级检验:宜采用一种角度探头在焊缝的单面双侧进行检验,对整个焊缝截面进行探测。母材厚度大于100 mm时,应采用双面双侧检验;当受构件的几何条件限制时,可在焊缝的双面单侧采用两种角度的探头进行探伤;条件允许时要求作横向缺陷的检验。

(3)C级检验:至少应采用两种角度探头在焊缝的单面双侧进行检验,且应同时作两个扫查方向和两种探头角度的横向缺陷检验。母材厚度大于100 mm时,宜采用双面双侧检验。

钢结构焊缝质量的超声波探伤检验等级应根据工件的材质、结构、焊接方法、受力状态选择,当结构设计和施工上无特别规定时,钢结构焊缝质量的超声波探伤检验等级宜选用B级。

钢结构中T形接头、角接接头的超声波检测,除用平板焊缝中提供的各种方法外,尚应考虑到各种缺陷的可能性,在选择探伤面和探头时,宜使声束垂直于该焊缝中的主要缺陷。在对T形接头、角接接头进行超声波检测时,探伤面和探头的选择应符合本标准附录D的规定。

检测前,应对超声仪的主要技术指标(如斜探头入射点、斜率K值或角度)进行检查确认;应根据所测工件的尺寸调整仪器时基线,并绘制距离-波幅(DAC)曲线。

距离-波幅(DAC)曲线应由选用的仪器、探头系统在对比试块上的实测数据绘制而成。当探伤面曲率半径R小于等于$W^2/4$时,距离-波幅(DAC)曲线的绘制应在曲面对比试块上进行。距离-波幅(DAC)曲线的绘制应符合下列要求。

(1)绘制成的距离-波幅曲线(图4-1)应由评定线EL、定量线SL和判废线RL组成。评定线与定量线之间(包括评定线)的区域规定为Ⅰ区,定量线与判废线之间(包括定量线)的区域规定为Ⅱ区,判废线及其以上区域规定为Ⅲ区。

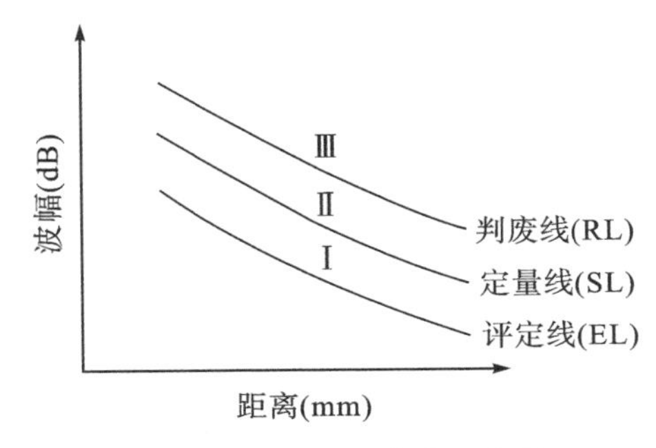

图4-1　距离-波幅曲线示意图

(2)不同检验等级所对应的灵敏

度要求应符合表 4-1 的规定。表中的 DAC 应以 3 横通孔作为标准反射体绘制距离-波幅曲线(即 DAC 曲线)。在满足被检工件最大测试厚度的整个范围内绘制的距离-波幅曲线在探伤仪荧光屏上的高度不得低于满刻度的 20%。

表 4-1　距离-波幅曲线的灵敏度

检验等级	A 级	B 级	C 级
板厚(mm) 距离-波幅曲线	8～50	8～300	8～300
判废线	DAC	DAC-4 dB	DAC-2 dB
定量线	DAC-10 dB	DAC-10 dB	DAC-8 dB
评定线	DAC-16 dB	DAC-16 dB	DAC-14 dB

超声波检测应包括探测面的修整、涂抹耦合剂、探伤作业、缺陷。

检测前应对探测面进行修整或打磨,清除焊接飞溅、油垢及其他杂质,表面粗糙度不应超过 6.3 μm。当采用一次反射或串列式扫查检测时,一侧修整或打磨区域宽度应大于 2.5 Kδ;当采用直射检测时,一侧修整或打磨区域宽度应大于 1.5 Kδ。

应根据工件的不同厚度选择仪器时基线水平、深度或声程的调节。当探伤面为平面或曲率半径 R 大于 $W^2/4$ 时,可在对比试块上进行时基线的调节;当探伤面曲率半径 R 小于等于 $W^2/4$ 时,探头楔块应磨成与工件曲面相吻合的形状,反射体的布置可参照对比试块确定,试块宽度应按下式进行计算:

$$b \geqslant 2\lambda S/D_e \tag{4-1}$$

式中:

b——试块宽度(mm);

λ——波长(mm);

S——声程(mm)

D_e——声源有效直径(mm)。

当受检工件的表面耦合损失及材质衰减与试块不同时,宜考虑表面补偿或材质补偿。

耦合剂应具有良好透声性和适宜流动性，不应对材料和人体有损伤作用，同时应便于检测后清理。当工件处于水平面上检测时，宜选用液体类耦合剂；当工件处于竖立面检测时，宜选用糊状类耦合剂。

探伤灵敏度不应低于评定线灵敏度。扫查速度不应大于 150 mm/s，相邻两次探头移动区域应保持与探头宽度 10%的重叠。在查找缺陷时，扫查方式可选用锯齿形扫查、斜平行扫查和平行扫查。为确定缺陷的位置、方向、形状、观察缺陷动态波形，可采用前后、左右、转角、环绕等四种探头扫查方式。

对所有反射波幅超过定量线的缺陷，均应确定其位置、最大反射波幅所在区域和缺陷指示长度。缺陷指示长度的测定可采用以下两种方法。

(1)当缺陷反射波只有一个高点时，宜用降低 6 dB 相对灵敏度法测定其长度。

(2)当缺陷反射波有多个高点时，则宜以缺陷两端反射波极大值之处的波高降低 6 dB 之间探头的移动距离，作为缺陷的指示长度(图 4-2)。

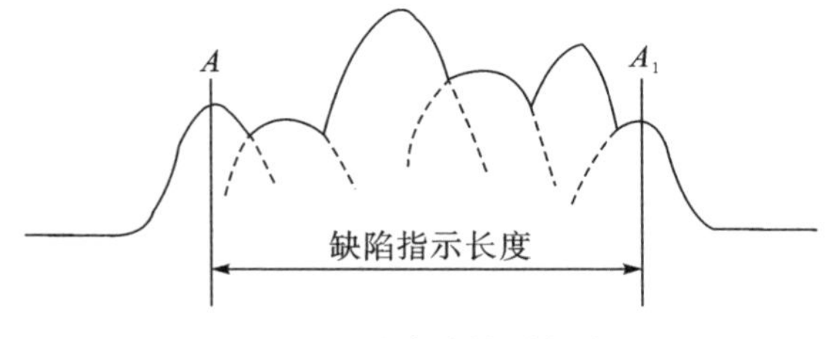

图 4-2　端点峰值测长法

(3)当缺陷反射波在Ⅰ区未达到定量线时，如探伤者认为有必要记录时，可将探头左右移动，使缺陷反射波幅降低到评定线，以此测定缺陷的指示长度。

在确定缺陷类型时，可将探头对准缺陷作平动和转动扫查，观察波形的相应变化，并可结合操作者的工程经验作出判断。

最大反射波幅位于 DAC 曲线Ⅱ区的非危险性缺陷，其指示长度小于 10 mm 时，可按 5 mm 计。

在检测范围内，相邻两个缺陷间距不大于 8 mm 时，两个缺陷指示长度之和作为单个缺陷的指示长度；相邻两个缺陷间距大于 8 mm 时，两个缺陷分别计算各自指示长度。

最大反射波幅位于Ⅱ区的非危险性缺陷，可根据缺陷指示长度$\triangle L$进行评级。不同检验等级，不同焊缝质量评定等级的缺陷指示长度限值应符合表4-2的规定。

表4-2 焊缝质量评定等级的缺陷指示长度限值(mm)

检验等级	A级	B级	C级
板厚(mm)	8～50	8～300	8～300
Ⅰ	$2\delta/3$，最小12	$\delta/3$，最小10，最大30	$\delta/3$，最小10，最大20
Ⅱ	$3\delta/4$，最小12	$2\delta/3$，最小12，最大50	$\delta/2$，最小10，最大30
Ⅲ	δ，最小20	$3\delta/4$，最小16，最大75	$2\delta/3$，最小12，最大50
Ⅳ	超过3级者		

注：焊缝两侧母材厚度δ不同时，取较薄侧母材厚度。

最大反射波幅不超过评定线(未达到Ⅰ区)的缺陷应评为Ⅰ级。最大反射波幅超过评定线，但低于定量线的非裂纹类缺陷应评为Ⅰ级。最大反射波幅超过评定线的缺陷，检测人员判定为裂纹等危害性缺陷时，无论其波幅和尺寸如何均应评定为Ⅳ级。除了非危险性的点状缺陷外，最大反射波幅位于Ⅲ区的缺陷，无论其指示长度如何，均应评定为Ⅳ级。不合格的缺陷应进行返修，返修部位及热影响区应重新进行检测与评定。检测后应填写检测记录。

四、变形检测

应以设置辅助基准线的方法，测量结构或构件的变形，对变截面构件和有预起拱的结构或构件，尚应考虑其初始位置的影响。

测量尺寸不大于6 m的钢构件变形，可用拉线、吊线锤的方法，并应符合下列规定。

(1)测量构件弯曲变形时，从构件两端拉紧一根细钢丝或细线，然后测量跨中位置构件与拉线之间的距离，该数值即是构件的变形。

(2)测量构件的垂直度时，从构件上端吊一线锤直至构件下端，当线锤处于静止状态后，测量吊锤中心与构件下端的距离，该数值即是构件的顶端侧向水平位移。

测量跨度大于6 m的钢构件挠度，宜采用全站仪或水准仪，并按下列方法进行检测。

(1)钢构件挠度观测点应沿构件的轴线或边线布设，每一构件不得少于3点。

(2)将全站仪或水准仪测得的两端和跨中的读数相比较，可求得构件的跨中挠度。

(3)钢网架结构总拼完成及屋面工程完成后的挠度值检测，对跨度24 m及以下钢网架结构测量下弦中央一点；对跨度24 m以上钢网架结构测量下弦中央一点及各向下弦跨度的四等分点。

尺寸大于6 m的钢构件垂直度、侧向弯曲矢高以及钢结构整体垂直度与整体平面弯曲宜采用全站仪或经纬仪检测。可用计算测点间的相对位置差的方法来计算垂直度或弯曲度，也可采用通过仪器引出基准线，放置量尺直接读取数值的方法。

当测量结构或构件垂直度时，仪器应架设在与倾斜方向成正交的方向线上，且距被测目标1～2倍目标高度的位置。

钢构件、钢结构安装主体垂直度检测，应测量钢构件、钢结构安装主体顶部相对于底部的水平位移与高差，并分别计算垂直度及倾斜方向。

当用全站仪检测，且现场光线不佳、起灰尘、有振动时，应用其他仪器对全站仪的测量结果进行对比判断。

在建钢结构或构件变形应符合设计要求和现行国家标准《钢结构工程施工质量验收规范》(GB 50205—2020)及《钢结构设计规范》(GB 50017—2017)等的有关规定。

既有钢结构或构件变形应符合现行国家标准《民用建筑可靠性鉴定标准》(GB 50292—2015)、《工业建筑可靠性鉴定标准》(GB 50144—2019)等的有关规定。

五、钢材品种检测

取样所用工具、机械、容器等应预先进行清洗。钢材取样时，应避开钢结构在制作、安装过程中有可能受切割火焰、焊接等热影响的部位。在取样部位可用钢锉打磨构件表面，除去表面油漆、锈斑，直至露出金属光泽。屑状试样宜采用电钻钻取。同一构件钢材宜选取3个不同部位进行取样，每个部位的试样重量不宜少于5 g。取样过程中应避免过热而引起屑状试样发蓝、发黑的现象，也不得使用水、油或其他滑油剂。取样时，宜去掉钢材表面1 mm以内的浅层试样。宜采用化学分析法测定试样中C、Mn、Si、S、P五元素的含量。对于低合金高强度结构钢，必要时，可进一步测定试样中V、Nb、Ti三元素的含量。采用化学分析法测定钢材中C、Mn、Si、S、P、V、Nb、Ti等元素的含量时，其操作与测定应符合现行国家标准《钢铁总碳硫含量的测定高频感应炉燃烧后红外吸收法(常规方法)》(GB/T 20123—2006)和《钢铁及合金化学分析方法》(GB/T 223—1981)中相应元素化学分析方法的有关规定。

钢材的品种应根据钢材中C、Mn、Si、S、P五元素或C、Mn、Si、S、P、V、Nb、Ti八元素的含量，对照现行国家标准《碳素结构钢》(GB/T 700—2006)、《低合金高强度结构钢》(GB/T 1591—2018)中的化学成分含量进行判别。

六、高强螺栓终拧扭矩检测

在对高强度螺栓的终拧扭矩进行检测前，应清除螺栓及周边涂层。螺栓表面有锈蚀时，应进行除锈处理。对高强度螺栓终拧扭矩的检测，应经外观检查或小锤敲击检查合格后进行。高强度螺栓终拧扭矩检测时，先在螺尾端头和螺母相对位置画线，然后将螺母拧松60°，再用扭矩扳手重新拧紧60°～62°，此时的扭矩值应作为高强度螺栓终拧扭矩的实测值。检测时，施加的作用力应位于扭矩扳手手柄尾端，用力均匀、缓慢。除有专用配套的加长柄或套管外，不得在尾部加长柄或套管的情况下，测定高强度螺栓终拧扭矩。扭矩扳手经使用后，应擦拭干净放入盒内。长期不用的扭矩扳手，在使用前应先预加载3次，使内部工作机构被润滑油均匀润滑。高强度螺栓终拧扭矩的实测值宜在$0.9T_c$～$1.1T_c$范围内。小锤敲击检查发现有松动的高强度螺栓，应直接判定其终拧扭矩不合格。

第二节　安全性鉴定方法

一、构件安全性鉴定

单个构件安全性的鉴定评级，应根据构件的不同种类进行评定。

当验算被鉴定结构或构件的承载能力时，应遵守下列规定。

(1)结构构件验算采用的结构分析方法，应符合国家现行设计规范的规定。

(2)结构构件验算使用的计算模型，应符合其实际受力与构造状况。

(3)结构上的作用应经调查或检测核实，并按《民用建筑可靠性鉴定标准》(GB 50292—2015)附录 J 的规定取值。

(4)结构构件作用效应的确定，应符合下列要求：

①作用的组合、作用的分项系数及组合值系数，应按现行国家标准《建筑结构荷载规范》(GB 50009—2012)的规定执行；

②当结构受到温度、变形等作用，且对其承载有显著影响时，应计入由之产生的附加内力。

(5)构件材料强度的标准值应根据结构的实际状态按下列原则确定：

①若原设计文件有效，且不怀疑结构有严重的性能退化或设计、施工偏差，可采用原设计的标准值；

②若调查表明实际情况不符合上款的要求，应按《民用建筑可靠性鉴定标准》(GB 50292—2015)附录 L 的规定进行现场检测，并确定其标准值。

(6)结构或构件的几何参数应采用实测值，并应计入锈蚀、腐蚀、腐朽、虫蛀、风化、裂缝、缺陷、损伤以及施工偏差等的影响。

(7)当怀疑设计有错误时，应对原设计计算书、施工图或竣工图，重新进行一次复核。

当需通过荷载试验评估结构构件的安全性时，应按现行专门标准进行。若检验结果表明，其承载能力符合设计和规范要求，可根据其完好程度，定为 a_u 级或 b_u 级，若承载能力不符合设计和规范要求，可根据其严重程度，

定为 c_u 级或 d_u 级。

当建筑物中的构件同时符合下列条件时，可不参与鉴定：

(1)该构件未受结构性改变、修复、修理或用途、或使用条件改变的影响；

(2)该构件未遭明显的损坏；

(3)该构件工作正常，且不怀疑其可靠性不足；

(4)在下一目标使用年限内，该构件所承受的作用和所处的环境，与过去相比不会发生显著变化。

若考虑到其他层次鉴定评级的需要，且有必要给出该构件的安全性等级时，可根据其实际完好程度定为 a_u 级或 b_u 级。

当检查一种构件的材料由于与时间有关的环境效应或其他均匀作用的因素引起的性能变化时，允许采用随机抽样的方法，在该种构件中取 5～10 个构件作为检测对象，并按现行检测方法标准规定的从每一构件上切取的试件数或划定的测点数，测定其材料强度或其他力学性能，检测构件数量尚应符合下列规定：

(1)当构件总数少于 5 个时，应逐个进行检测；

(2)当委托方对该种构件的材料强度检测有较严的要求时，也可通过协商适当增加受检构件的数量。

钢结构构件的安全性鉴定，应按承载能力、构造以及不适于承载的位移(或变形)等三个检查项目，分别评定每一受检构件等级；钢结构节点、连接域的安全性鉴定，应按承载能力和构造两个检查项目，分别评定每一节点、连接域等级；对冷弯薄壁型钢结构、轻钢结构、钢桩以及地处有腐蚀性介质的工业区，或高湿、临海地区的钢结构，尚应以不适于承载的锈蚀作为检查项目评定其等级；然后取其中最低一级作为该构件的安全性等级。

(一)钢结构构件安全性按承载力评定

当按承载能力评定钢结构构件的安全性等级时，应按表 4-3 的规定分别评定每一验算项目的等级，并取其中最低等级作为该构件承载能力的安全性等级。钢结构倾覆、滑移、疲劳、脆断的验算，应按国家现行相关规范的规定进行；节点、连接域的验算应包括其板件和连接的验算。

表 4-3　按承载能力评定的钢结构构件安全性等级

构件类别	安全性等级			
	a_u级	b_u级	c_u级	d_u级
主要构件及节点、连接域	$R/(\gamma_o S) \geq 1.00$	$R/(\gamma_o S) \geq 0.95$	$R/(\gamma_o S) \geq 0.90$	$R/(\gamma_o S) < 0.90$ 或当构件连接出现脆性断裂、疲劳开裂或局部失稳变形迹象时
一般构件	$R/(\gamma_o S) \geq 1.00$	$R/(\gamma_o S) \geq 0.90$	$R/(\gamma_o S) \geq 0.85$	$R/(\gamma_o S) < 0.85$ 或当构件或连接出现脆性断裂、疲劳开裂或局部失稳变形迹象时

(二)钢结构构件安全性按构造评定

当按构造评定钢结构构件的安全性等级时,应按表 4-4 的规定分别评定每个检查项目的等级,并取其中最低等级作为该构件构造的安全性等级。

表 4-4　按构造评定的钢结构构件安全性等级

检查项目	安全性等级	
	a_u级或b_u级	c_u级或d_u级
构件构造	构件组成形式、长细比或高跨比、宽厚比或高厚比等符合国家现行相关规范规定;无缺陷,或仅有局部表面缺陷;工作无异常	构件组成形式、长细比或高跨比、宽厚比或高厚比等不符合国家现行相关规范规定;存在明显缺陷,已影响或显著影响正常工作
节点、连接构造	节点构造、连接方式正确,符合国家现行相关规范规定;构造无缺陷或仅有局部的表面缺陷,工作无异常	节点构造、连接方式不当,不符合国家现行相关规范规定;构造有明显缺陷,已影响或显著影响正常工作

注:(1)构造缺陷还包括施工遗留的缺陷:对焊缝系指夹渣、气泡、咬边、烧穿、漏焊、少焊、未焊透以及焊脚尺寸不足等;对铆钉或螺栓系指漏铆、漏栓、错位、错排及掉头等;其他施工遗留的缺陷根据实际情况确定。

(2)节点、连接构造的局部表面缺陷包括焊缝表面质量稍差、焊缝尺寸稍有不足、连接板位置稍有偏差等;节点、连接构造的明显缺陷包括焊接部位有裂纹,部分螺栓或铆钉有松动、变形、断裂、脱落或节点板、连接板、铸件有裂纹或显著变形等。

(三)钢结构构件安全性按不适于承载的位移和变形评定

当钢结构构件的安全性按不适于承载的位移或变形评定时,应符合下列规定。

(1)对桁架、屋架或托架的挠度,当其实测值大于桁架计算跨度的1/400时,应按本节第(一)条验算其承载能力。验算时,应考虑由于位移产生的附加应力的影响,并按下列原则评级。

①若验算结果不低于 b_u 级,仍定为 b_u 级,但宜附加观察使用一段时间的限制。

②若验算结果低于 b_u 级,应根据其实际严重程度定为 c_u 级或 d_u 级。

(2)对桁架顶点的侧向位移,当其实测值大于桁架高度的 1/200,且有可能发展时,应定为 c_u 级或 d_u 级。

(3)对其他钢结构受弯构件不适于承载的变形的评定,应按表 4-5 的规定评级。

表 4-5 其他钢结构受弯构件不适于承载的变形的评定

检查项目	构件类别			c_u级或 d_u级
挠度	主要构件	网架	屋盖的短向	＞l_s/250,且可能发展
			楼盖的短向	＞l_s/200,且可能发展
		主梁、托梁		＞l_0/200
	一般构件	其他梁		＞l_0/150
		檩条梁		＞l_0/100
侧向弯曲的矢高	深梁			＞l_0/400
	一般实腹梁			＞l_0/350

注:表中 l_0为构件计算跨度;l_s为网架短向计算跨度。

(4)对柱顶的水平位移(或倾斜),当其实测值大于表 4-5 所列的限值时,应按下列规定评级。

①若该位移与整个结构有关,应根据《民用建筑可靠性鉴定标准》(GB 50292—2015)第 7.3.10 条的评定结果,取与上部承重结构相同的级别作为

该柱的水平位移等级。

②若该位移只是孤立事件，则应在其承载能力验算中考虑此附加位移的影响，并根据验算结果按本节第(一)条的原则评级。

③若该位移尚在发展，应直接定为 d_u级。

(5)对偏差超限或其他使用原因引起的柱(包括桁架受压弦杆)的弯曲，当弯曲矢高实测值大于柱的自由长度的 1/660 时，应在承载能力的验算中考虑其所引起的附加弯矩的影响，并按本节第(一)条规定的原则评级。

(6)对钢桁架中有整体弯曲变形，但无明显局部缺陷的双角钢受压腹杆，其整体弯曲变形不大于表 4-6 规定的限值时，其安全性可根据实际完好程度评为 a_u级或 b_u级；若整体弯曲变形已大于该表规定的限值时，应根据实际严重程度评为 c_u级或 d_u级。

表 4-6　钢桁架双角钢受压腹杆整体弯曲变形限值

$\sigma=N/\varphi A$	对 a_u级和 b_u级压杆的双向弯曲限值				
	方向	弯曲矢高与杆件长度之比			
f	平面外	1/550	1/750	≤1/850	—
	平面内	1/1 000	1/900	1/800	—
$0.9f$	平面外	1/350	1/450	1/550	≤1/850
	平面内	1/1 000	1/750	1/650	1/500
$0.8f$	平面外	1/250	1/350	1/550	≤1/850
	平面内	1/1 000	1/500	1/400	1/350
$0.7f$	平面外	1/200	1/250	≤1/300	—
	平面内	1/750	1/450	1/350	—
$\leqslant0.6f$	平面外	1/150	≤1/200	—	—
	平面内	1/400	1/350	—	—

(四)钢结构构件不适于承载的锈蚀评定

当钢结构构件的安全性按不适于承载的锈蚀评定时，应按剩余的完好截面验算其承载能力，同时兼顾锈蚀产生的受力偏心效应，并按表4-7的规定评级。

表4-7 钢结构构件不适于承载的锈蚀的评定

等级	评定标准
c_u	在结构的主要受力部位，构件截面平均锈蚀深度$\triangle t$大于$0.1t$，但不大于$0.15t$
d_u	在结构的主要受力部位，构件截面平均锈蚀深度$\triangle t$大于$0.15t$

注：表中t为锈蚀部位构件原截面的壁厚，或钢板的板厚。

(五)钢索构件的安全性评定

对钢索构件的安全性评定，除应按《民用建筑可靠性鉴定标准》(GB 50292—2015)第5.3.2条～第5.3.5条规定的项目评级外，尚应按下列补充项目评级。

(1)索中有断丝，若断丝数不超过索中钢丝总数的5%，可定为c_u级；若断丝数超过5%，应定为d_u级。

(2)索构件发生松弛，应根据其实际严重程度定为c_u级或d_u级。

(3)对下列情况，应直接定为d_u级：

①索节点锚具出现裂纹；

②索节点出现滑移；

③索节点锚塞出现渗水裂缝。

(六)钢网架结构的焊接空心球节点和螺栓球节点的安全性鉴定

对钢网架结构的焊接空心球节点和螺栓球节点的安全性鉴定，除应按《民用建筑可靠性鉴定标准》(GB 50292—2015)第5.3.2条及第5.3.3条规定的项目评级外，尚应按下列项目评级：

(1)空心球壳出现可见的变形时，应定为c_u级；

(2)空心球壳出现裂纹时，应定为d_u级；

(3)螺栓球节点的筒松动时，应定为c_u级；

(4)螺栓未能按设计要求的长度拧入螺栓球时，应定为d_u级；

(5)螺栓球出现裂纹，应定为d_u级；

(6)螺栓球节点的螺栓出现脱丝，应定为 d_u 级。

对摩擦型高强度螺栓连接，若其摩擦面有翘曲，未能形成闭合面时，应直接定为 c_u 级。

对大跨度钢结构支座节点，若铰支座不能实现设计所要求的转动或滑移时，应定为 c_u 级；若支座的焊缝出现裂纹、锚栓出现变形或断裂时，应定为 d_u 级。

对橡胶支座，若橡胶板与螺栓或锚栓发生挤压变形时，应定为 c_u 级；若橡胶支座板相对支承柱或梁顶面发生滑移时，应定为 c_u 级；当橡胶支座板严重老化时，应定为 d_u 级。

二、子单元安全性鉴定

民用建筑安全性的第二层次子单元鉴定评级，应按地基基础、上部承重结构和围护系统的承重部分划分为三个子单元，并分别按《民用建筑可靠性鉴定标准》(GB 50292—2015)第 7.2～7.4 节规定的鉴定方法和评级标准进行评定。

当不要求评定围护系统可靠性时，可不将围护系统承重部分列为子单元，将其安全性鉴定并入上部承重结构中。

当需验算上部承重结构的承载能力时，其作用效应应按《民用建筑可靠性鉴定标准》(GB 50292—2015)第 5.1.2 条的规定确定；当需验算地基变形或地基承载力时，其地基的岩土性能和地基承载力标准值，应由原有地质勘察资料和补充勘察报告提供。

当仅要求对某个子单元的安全性进行鉴定时，该子单元与其他相邻子单元之间的交叉部位也应进行检查，并在鉴定报告中提出处理意见。

三、鉴定单元安全性鉴定

民用建筑鉴定单元的安全性鉴定评级，应根据其地基基础、上部承重结构和围护系统承重部分等的安全性等级，以及与整幢建筑有关的其他安全问题进行评定。

鉴定单元的安全性等级，应根据《民用建筑可靠性鉴定标准》(GB

50292—2015)第 7 章的评定结果,按下列原则规定:

(1)一般情况下,应根据地基基础和上部承重结构的评定结果按其中较低等级确定。

(2)当鉴定单元的安全性等级按上款评为 A_u 级或 B_u 级但围护系统承重部分的等级为 C_u 级或 D_u 级时,可根据实际情况将鉴定单元所评等级降低一级或二级,但最后所定的等级不得低于 C_{su}级。

对下列任一情况,可直接评为 D_{su}级。

(1)建筑物处于有危房的建筑群中,且直接受到其威胁;

(2)建筑物朝一方向倾斜,且速度开始变快。

当新测定的建筑物动力特性,与原先记录或理论分析的计算值相比,有下列变化时,可判其承重结构可能有异常,但应经进一步检查、鉴定后再评定该建筑物的安全性等级。

(1)建筑物基本周期显著变长或基本频率显著下降。

(2)建筑物振型有明显改变或振幅分布无规律。

第三节 抗震性能鉴定方法

一、抗震性能鉴定方法基本规定

现有建筑的抗震鉴定应包括下列内容及要求。

(1)搜集建筑的勘察报告、施工和竣工验收的相关原始资料;当资料不全时,应根据鉴定的需要进行补充实测。

(2)调查建筑现状与原始资料相符合的程度、施工质量和维护状况,发现相关的非抗震缺陷。

(3)根据各类建筑结构的特点、结构布置、构造和抗震承载力等因素,采用相应的逐级鉴定方法,进行综合抗震能力分析。

(4)对现有建筑整体抗震性能做出评价,对符合抗震鉴定要求的建筑应说明其后续使用年限,对不符合抗震鉴定要求的建筑提出相应的抗震减灾对策和处理意见。

现有建筑的抗震鉴定,应根据下列情况区别对待。

(1)建筑结构类型不同的结构,其检查的重点、项目内容和要求不同,应采用不同的鉴定方法。

(2)对重点部位与一般部位,应按不同的要求进行检查和鉴定。

注:重点部位指影响该类建筑结构整体抗震性能的关键部位和易导致局部倒塌伤人的构件、部件,以及地震时可能造成次生灾害的部位。

(3)对抗震性能有整体影响的构件和仅有局部影响的构件,在综合抗震能力分析时应分别对待。

抗震鉴定分为两级。第一级鉴定应以宏观控制和构造鉴定为主进行综合评价,第二级鉴定应以抗震验算为主结合构造影响进行综合评价。

A类建筑的抗震鉴定,当符合第一级鉴定的各项要求时,建筑可评为满足抗震鉴定要求,不再进行第二级鉴定;当不符合第一级鉴定要求时,除本标准各章有明确规定的情况外,应由第二级鉴定做出判断。

B类建筑的抗震鉴定,应检查其抗震措施和现有抗震承载力再做出判断。当抗震措施不满足鉴定要求而现有抗震承载力较高时,可通过构造影响系数进行综合抗震能力的评定;当抗震措施鉴定满足要求时,主要抗侧力构件的抗震承载力不低于规定的95%、次要抗侧力构件的抗震承载力不低于规定的90%,也可不要求进行加固处理。

现有建筑宏观控制和构造鉴定的基本内容及要求,应符合下列规定。

(1)当建筑的平、立面,质量,刚度分布和墙体等抗侧力构件的布置在平面内明显不对称时,应进行地震扭转效应不利影响的分析;当结构竖向构件上下不连续或刚度沿高度分布突变时,应找出薄弱部位并按相应的要求鉴定。

(2)检查结构体系,应找出其破坏会导致整个体系丧失抗震能力或丧失对重力的承载能力的部件或构件;当房屋有错层或不同类型结构体系相连时,应提高其相应部位的抗震鉴定要求。

(3)检查结构材料实际达到的强度等级,当低于规定的最低要求时,应提出采取相应的抗震减灾对策。

(4)多层建筑的高度和层数,应符合本标准各章规定的最大值限值要求。

(5)当结构构件的尺寸、截面形式等不利于抗震时,宜提高该构件的配筋等构造抗震鉴定要求。

(6)结构构件的连接构造应满足结构整体性的要求;装配式厂房应有较完整的支撑系统。

(7)非结构构件与主体结构的连接构造应满足不倒塌伤人的要求;位于出入口及人流通道等处,应有可靠的连接。

(8)当建筑场地位于不利地段时,尚应符合地基基础的有关鉴定要求。

6 度和有具体规定时,可不进行抗震验算;当 6 度第一级鉴定不满足时,可通过抗震验算进行综合抗震能力评定;其他情况,至少在两个主轴方向分别按本标准各章规定的具体方法进行结构的抗震验算。

当本标准未给出具体方法时,可采用现行国家标准《建筑抗震设计规范》(GB 50011—2010)规定的方法,按下式进行结构构件抗震验算:

$$S \leqslant R/\gamma_{RE} \tag{4-2}$$

式中:

S——结构构件内力(轴向力、剪力、弯矩等)组合的设计值;计算时,有关的荷载、地震作用、作用分项系数、组合值系数,应按现行国家标准《建筑抗震设计规范》(GB 50011—2010)的规定采用;其中,场地的设计特征周期可按表 4-11 确定,地震作用效应(内力)调整系数应按本标准各章的规定采用,8、9 度的大跨度和长悬臂结构应计算竖向地震作用。

R——结构构件承载力设计值,按现行国家标准《建筑抗震设计规范》(GB 50011—2010)的规定采用;其中,各类结构材料强度的设计指标应按《建筑抗震鉴定标准》(GB 50023—2009)附录 A 采用,材料强度等级按现场实际情况确定。

γ_{RE}——抗震鉴定的承载力调整系数,除本标准各章节另有规定外,一般情况下,可按现行国家标准《建筑抗震设计规范》(GB 50011—2010)的承载力抗震调整系数值采用,A 类建筑抗震鉴定时,钢筋混凝土构件应按现行国家标准《建筑抗震设计规范》(GB 50011—2010)承载力抗震调整系数值的 0.85 倍采用。

表 4-11　特征周期值(s)

设计地震分组	场地类别			
	Ⅰ	Ⅱ	Ⅲ	Ⅳ
第一、二组	0.20	0.30	0.40	0.65
第三组	0.25	0.40	0.55	0.85

现有建筑的抗震鉴定要求，可根据建筑所在场地、地基和基础等的有利和不利因素，做下列调整。

(1) Ⅰ类场地上的丙类建筑，7～9 度时，构造要求可降低一度。

(2) Ⅳ类场地、复杂地形、严重不均匀土层上的建筑以及同一建筑单元存在不同类型基础时，可提高抗震鉴定要求。

(3)建筑场地为Ⅲ、Ⅳ类时，对设计基本地震加速度 0.15 g 和 0.30 g 的地区，各类建筑的抗震构造措施要求宜分别按抗震设防烈度 8 度(0.20 g)和 9 度(0.40 g)采用。

(4)有全地下室、箱基、筏基和桩基的建筑，可降低上部结构的抗震鉴定要求。

(5)对密集的建筑，包括防震缝两侧的建筑，应提高相关部位的抗震鉴定要求。

对不符合鉴定要求的建筑，可根据其不符合要求的程度、部位对结构整体抗震性能影响的大小，以及有关的非抗震缺陷等实际情况，结合使用要求、城市规划和加固难易等因素的分析，提出相应的维修、加固、改变用途或更新等抗震减灾对策。

二、场地、地基基础抗震鉴定

(一)场地抗震鉴定

6、7 度时及建造于对抗震有利地段的建筑，可不进行场地对建筑影响的抗震鉴定。

注：对建造于危险地段的建筑，场地对建筑影响应按专门规定鉴定；有

利、不利等地段和场地类别，按现行国家标准《建筑抗震设计规范》划分。

对建造于危险地段的现有建筑，应结合规划更新（迁离）；暂时不能更新的，应进行专门研究，并采取应急的安全措施。

7～9度时，建筑场地为条状突出山嘴、高耸孤立山丘、非岩石和强风化岩石陡坡、河岸和边坡的边缘等不利地段，应对其地震稳定性、地基滑移及对建筑的可能危害进行评估；非岩石和强风化岩石陡坡的坡度及建筑场地与坡脚的高差均较大时，应估算局部地形导致其地震影响增大的后果。

建筑场地有液化侧向扩展且距常时水线100 m范围内，应判明液化后土体流滑与开裂的危险。

（二）地基基础抗震鉴定

地基基础现状的鉴定，应着重调查上部结构的不均匀沉降裂缝和倾斜，基础有无腐蚀、酥碱、松散和剥落，上部结构的裂缝、倾斜以及有无发展趋势。

符合下列情况之一的现有建筑，可不进行其地基基础的抗震鉴定。

（1）丁类建筑。

（2）地基主要受力层范围内不存在软弱土、饱和砂土和饱和粉土或严重不均匀土层的乙类、丙类建筑。

（3）6度时的各类建筑。

（4）7度时，地基基础现状无严重静载缺陷的乙类、丙类建筑。

对地基基础现状进行鉴定时，当基础无腐蚀、酥碱、松散和剥落，上部结构无不均匀沉降裂缝和倾斜，或虽有裂缝、倾斜但不严重且无发展趋势，该地基基础可评为无严重静载缺陷。

存在软弱土、饱和砂土和饱和粉土的地基基础，应根据烈度、场地类别、建筑现状和基础类型，进行液化、震陷及抗震承载力的两级鉴定。符合第一级鉴定的规定时，应评为地基符合抗震要求，不再进行第二级鉴定。

静载下已出现严重缺陷的地基基础，应同时审核其静载下的承载力。

（三）地基基础的第一级鉴定

地基基础的第一级鉴定应符合下列要求。

（1）基础下主要受力层存在饱和砂土或饱和粉土时，对下列情况可不进行液化影响的判别：

①对液化沉陷不敏感的丙类建筑；

②符合现行国家标准《建筑抗震设计规范》(GB 50011—2010)液化初步判别要求的建筑。

(2)基础下主要受力层存在软弱土时，对下列情况可不进行建筑在地震作用下沉陷的估算：

①8、9 度时，地基土静承载力特征值分别大于 80 kPa 和 100 kPa；

②8 度时，基础底面以下的软弱土层厚度不大于 5 m。

(3)采用桩基的建筑，对下列情况可不进行桩基的抗震验算：

①现行国家标准《建筑抗震设计规范》(GB 50011—2010)规定可不进行桩基抗震验算的建筑；

②位于斜坡但地震时土体稳定的建筑。

(四)地基基础的第二级鉴定

地基基础的第二级鉴定应符合下列要求。

(1)饱和土液化的第二级判别，应按现行国家标准《建筑抗震设计规范》(GB 50011—2010)的规定，采用标准贯入试验判别法。判别时，可计入地基附加应力对土体抗液化强度的影响。存在液化土时，应确定液化指数和液化等级，并提出相应的抗液化措施。

(2)软弱土地基及 8、9 度时Ⅲ、Ⅳ类场地上的高层建筑和高耸结构，应进行地基和基础的抗震承载力验算。

现有天然地基的抗震承载力验算，应符合下列要求。

(1)天然地基的竖向承载力，可按现行国家标准《建筑抗震设计规范》(GB 50011—2010)规定的方法验算，其中，地基土静承载力特征值应改用长期压密地基土静承载力特征值，其值可按下式计算：

$$f_{sE}=\zeta_s f_{sc} \tag{4-3}$$

$$f_{sc}=\zeta_c f_s \tag{4-4}$$

式中：

f_{sE}——调整后的地基土抗震承载力特征值(kPa)；

ζ_s——地基土抗震承载力调整系数，可按现行国家标准《建筑抗震设计规范》(GB 50011—2010)采用；

f_{sc}——长期压密地基土静承载力特征值(kPa)；

f_s——地基土静承载力特征值(kPa)，其值可按现行国家标准《建筑地基基础设计规范》(GB 50007—2011)采用；

ζ_c——地基土静承载力长期压密提高系数，其值可按表4-12采用。

(2)承受水平力为主的天然地基验算水平抗滑时，抗滑阻力可采用基础底面摩擦力和基础正侧面土的水平抗力之和；基础正侧面土的水平抗力，可取其被动土压力的1/3；抗滑安全系数不宜小于1.1；当刚性地坪的宽度不小于地坪孔口承压面宽度的3倍时，尚可利用刚性地坪的抗滑能力。

表4-12　地基土承载力长期压密提高系数

年限与岩土类别	p_0/f_s			
	1.0	0.8	0.4	<0.4
2年以上的砾、粗、中、细、粉砂 5年以上的粉土和粉质黏土 8年以上地基土静承载力标准值大于100 kPa的黏土	1.2	1.1	1.05	1.0

注：(1) p_0 指基础底面实际平均压应力(kPa)；

(2)使用期不够或岩石、碎石土、其他软弱土，提高系数值可取1.0。

第五章　框架结构既有建筑安全性及抗震性能鉴定案例(一)

一、工程概况

某教学楼项目地下1层，地上7层，结构形式以钢筋混凝土框架结构为主，局部为砌体结构(东侧楼梯间、中部楼梯间、电梯间、厕所为砌体结构)，现场测量，教学楼建筑面积约3 600 m^2，根据委托方介绍，该工程建设于20世纪80年代，工程外立面详见图5-1。委托方为了解教学楼项目主体结构安全性及抗震性能，委托对该工程主体结构安全性及抗震性能进行检测鉴定，并依据实际检测鉴定情况出具检测鉴定报告。

图5-1　教学楼南立面照片

二、安全性及抗震性能鉴定

(一)目的

委托方为了解某教学楼项目主体结构安全性及抗震性能，委托对该工程主体结构安全性及抗震性能进行检测鉴定，并依据实际检测鉴定情况出具检测鉴定报告。

(二)内容

(1)主体结构安全性普查;

(2)地基基础检测鉴定;

(3)主体结构检测鉴定;

(4)根据检测鉴定情况,通过分析计算,评价所鉴定工程主体结构安全性及抗震性能,编制检测鉴定报告书。

(三)检测鉴定依据

(1)《建筑结构检测技术标准》(GB/T 50344—2019);

(2)《混凝土结构现场检测技术标准》(GB/T 50784—2013);

(3)《砌体工程现场检测技术标准》(GB/T 50315—2011);

(4)《回弹法检测混凝土抗压强度技术规程》(JGJ/T 23—2011);

(5)《混凝土结构设计规范》(GB 50010—2010);

(6)《建筑结构荷载规范》(GB 50009—2012);

(7)《混凝土中钢筋检测技术标准》(JGJ/T 152—2019);

(8)《建筑地基基础设计规范》(GB 50007—2011);

(9)《民用建筑可靠性鉴定标准》(GB 50292—2015);

(10)《建筑抗震设计规范》(GB 50011—2010);

(11)《建筑抗震鉴定标准》(GB 50023—2009);

(12)《建筑工程抗震设防分类标准》(GB 50223—2008);

(13)《既有建筑鉴定与加固通用规范》(GB 55021—2021);

(14)委托方提供的施工图纸及工程技术资料。

(四)现场检测

组织成立检测鉴定小组,由高级工程师担任本项目负责人,配置具有相关检测鉴定经验的检测鉴定人员,并配备相关检测鉴定设备到现场检测鉴定。

因未找到该建筑的结构施工图纸,现场对该建筑结构布置图进行测绘,详见图5-2~图5-8。

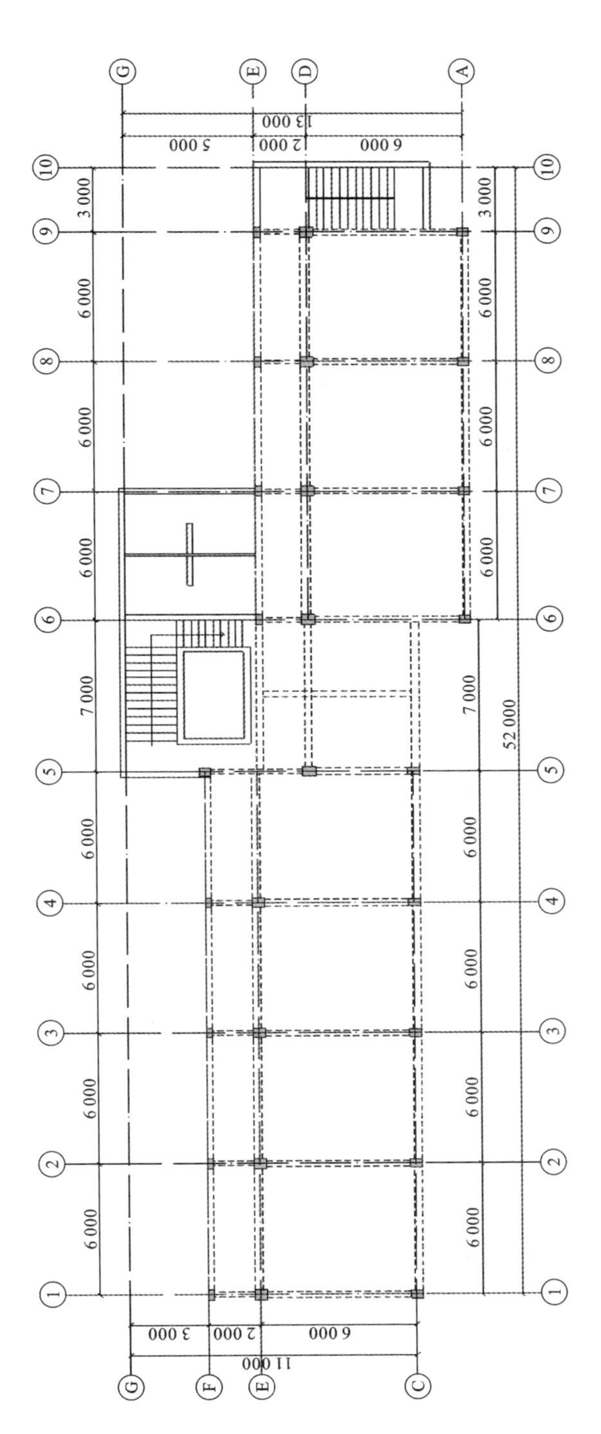

说明：(1)A轴、C轴柱尺寸基本为350 mm×450 mm；D轴、E/1-5轴柱尺寸基本为450 mm×500 mm。F轴、E/6-9轴柱尺寸基本为450 mm×240 mm，6/F轴柱尺寸为400 mm×450 mm。

(2)A-D、C-E轴梁尺寸基本为270 mm×400 mm；D-E轴、E-F轴梁尺寸基本为170 mm×400 mm。

(3)楼板基本为钢筋混凝土预制板，预制板两端搭放在变截面梯形梁上。

(4)5-7/E-G轴范围、9-10/A-E轴范围承重墙体为砖墙。

图5-2　一层结构平面布置图

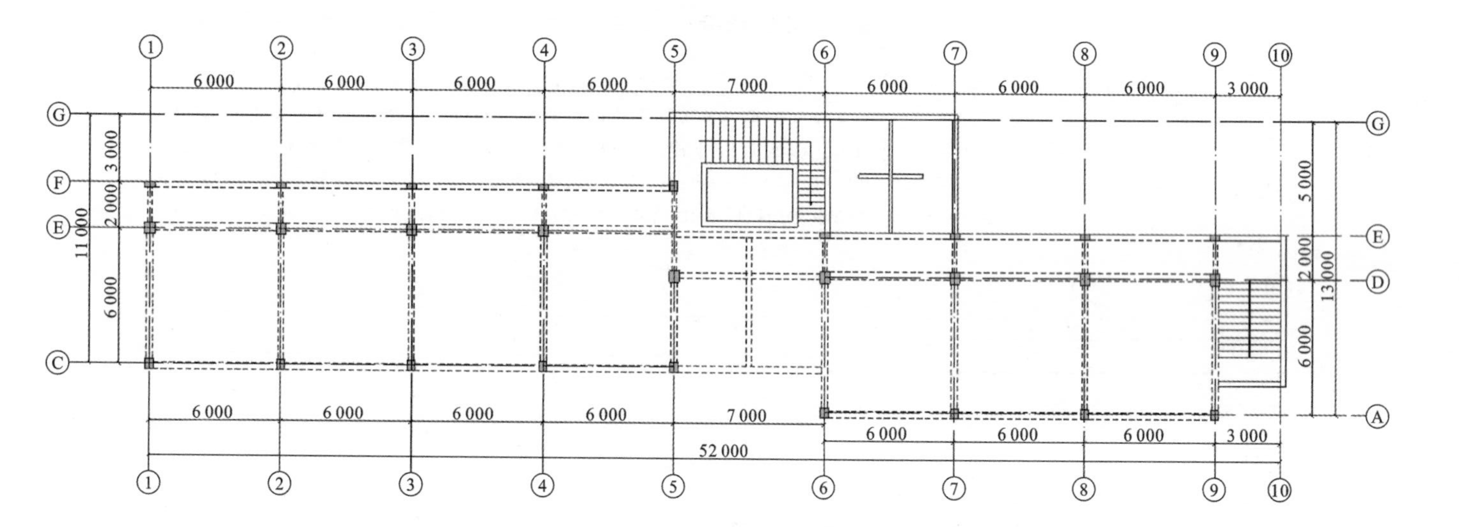

说明：(1)A轴、C轴柱尺寸基本为350 mm×450 mm；D轴、E/1-5轴柱尺寸基本为400 mm×500 mm。
F轴、E/6-9轴柱尺寸基本为450 mm×240 mm，6/F轴柱尺寸为400 mm×450 mm。
(2)A-D、C-E轴梁尺寸基本为270 mm×400 mm；D-E轴、E-F轴梁尺寸基本为170 mm×400 mm。
(3)楼板基本为钢筋混凝土预制板，预制板两端搭放在变截面梯形梁上。
(4)5-7/E-G轴范围、9-10/A-E轴范围承重墙体为砖墙。

图5-3　二层结构平面布置图

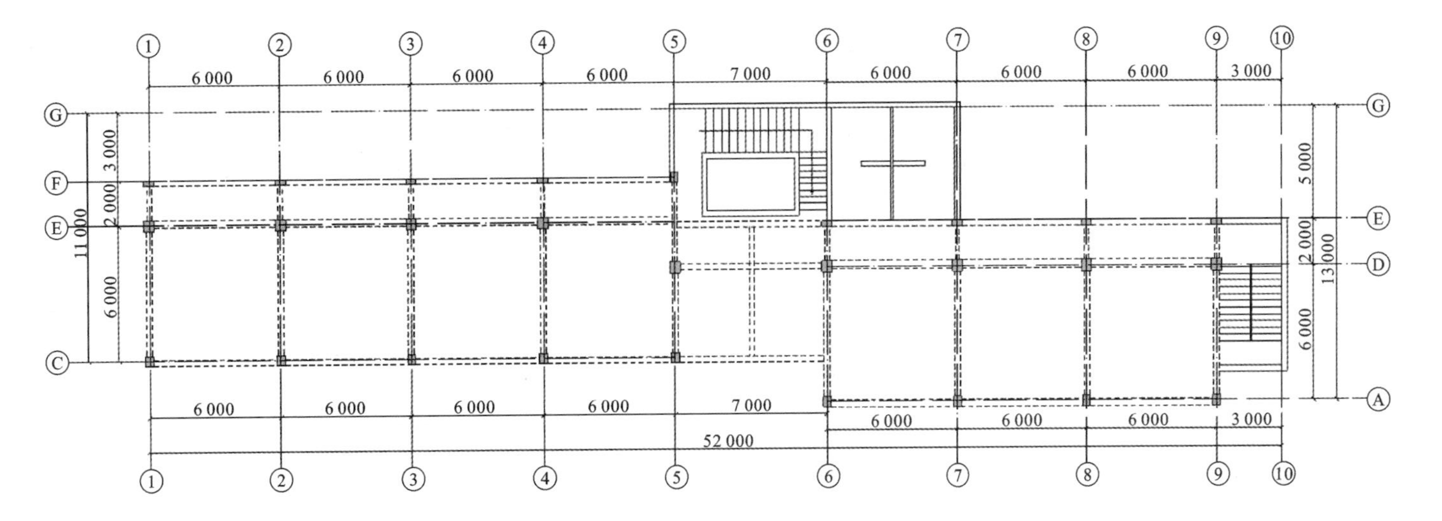

说明：(1)A轴、C轴柱尺寸基本为350 mm × 450 mm；D轴、E/1-5轴柱尺寸基本为400 mm × 500 mm。F轴、E/6-9轴柱尺寸基本为450 mm × 240 mm，6/F轴柱尺寸为350 mm × 450 mm。

(2)A-D、C-E轴梁尺寸基本为270 mm × 400 mm；D-E轴、E-F轴梁尺寸基本为170 mm × 400 mm。

(3)楼板基本为钢筋混凝土预制板，预制板两端搭放在变截面梯形梁上。

(4)5-7/E-G轴范围、9-10/A-E轴范围承重墙体为砖墙。

图5-4　三层结构平面布置图

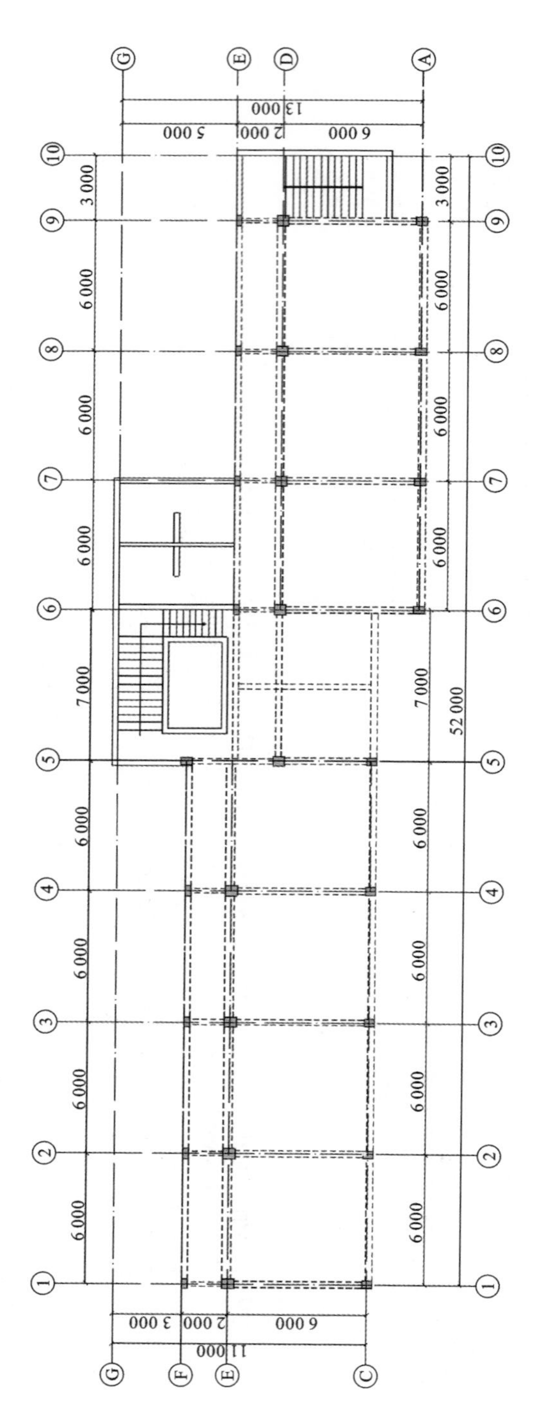

说明：(1)A轴、C轴柱尺寸基本为350 mm × 450 mm；D轴、E/1-5轴柱尺寸基本为400 mm × 500 mm。
F轴、E/6-9轴柱尺寸基本为450 mm × 240 mm，6/F轴柱尺寸为350 mm × 450 mm。
(2)A-D、C-E轴梁尺寸基本为270 mm × 400 mm；D-E轴、E-F轴梁尺寸基本为170 mm × 400 mm。
(3)楼板基本为钢筋混凝土预制板，预制板两端搭放在变截面梯形梁上。
(4)5-7/E-G轴范围、9-10/A-E轴范围承重墙体为砖墙。

图5-5 四层结构平面布置图

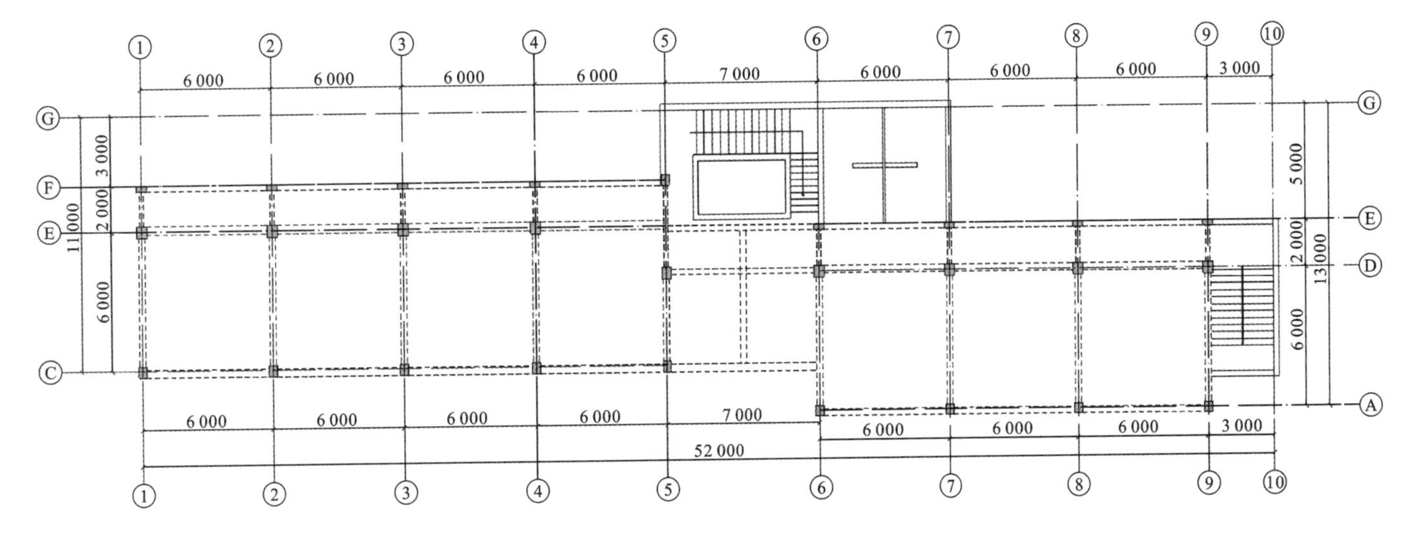

说明：(1)A轴、C轴柱尺寸基本为350 mm×350 mm；D轴、E/1-5轴柱尺寸基本为400 mm×500 mm。F轴、E/6-9轴柱尺寸基本为450 mm×240 mm，6/F轴柱尺寸为350 mm×350 mm。

(2)A-D、C-E轴梁尺寸基本为270 mm×400 mm；D-E轴、E-F轴梁尺寸基本为170 mm×400 mm。

(3)楼板基本为钢筋混凝土预制板，预制板两端搭放在变截面梯形梁上。

(4)5-7/E-G轴范围、9-10/A-E轴范围承重墙体为砖墙。

图5-6　五层结构平面布置图

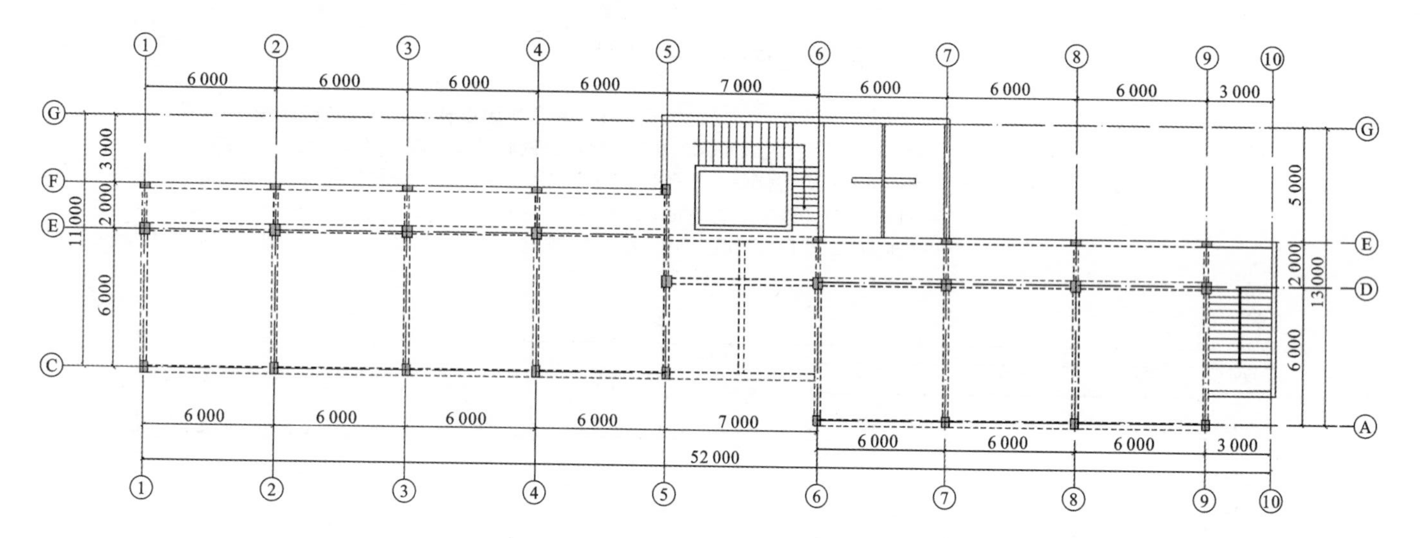

说明：(1)A轴、C轴柱尺寸基本为300 mm × 300 mm；D轴、E/1-5轴柱尺寸基本为300 mm × 350 mm。F轴、E/6-9轴柱尺寸基本为450 mm × 240 mm，6/F轴柱尺寸为300 mm × 350 mm。

(2)A-D、C-E轴梁尺寸基本为270 mm × 400 mm；D-E轴、E-F轴梁尺寸基本为170 mm × 400 mm。

(3)楼板基本为钢筋混凝土预制板，预制板两端搭放在变截面梯形梁上。

(4)5-7/E-G轴范围、9-10/A-E轴范围承重墙体为砖墙。

图5-7　六层结构平面布置图

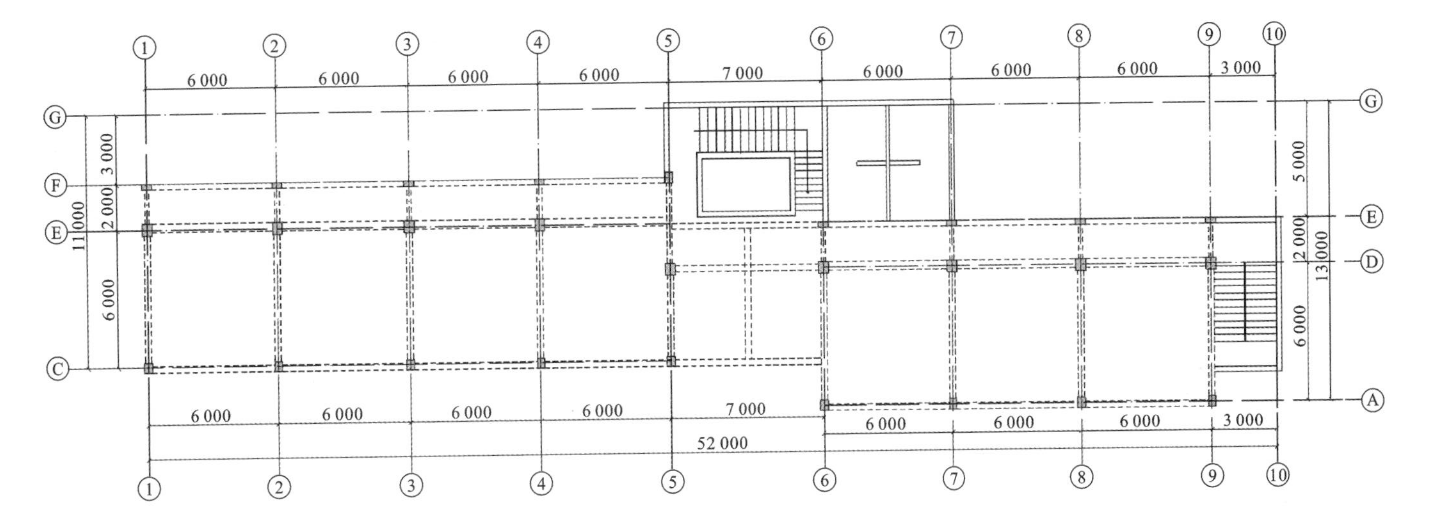

说明：(1)A轴、C轴柱尺寸基本为300 mm×300 mm；D轴、E/1-5轴柱尺寸基本为300 mm×350 mm。

F轴、E/6-9轴柱尺寸基本为450 mm×240 mm，6/F轴柱尺寸为300 mm×350 mm。

(2)A-D、C-E轴梁尺寸基本为270 mm×400 mm；D-E轴、E-F轴梁尺寸基本为170 mm×400 mm。

(3)楼板基本为钢筋混凝土预制板，预制板两端搭放在变截面梯形梁上。

(4)5-7/E-G轴范围、9-10/A-E轴范围承重墙体为砖墙。

图5-8　七层结构平面布置图

1. 工程质量普查

经检查，该工程存在渗漏、砌体墙面层脱落、发霉现象，未发现不合理使用荷载。

2. 地基基础检测鉴定

经现场检查，地基基础无沉降和滑动迹象，现场采用全站仪对该房屋四角建筑倾斜变形进行控制观测，建筑倾斜变形值较小，同时对建筑外观进行全面检测，未发现因地基基础不均匀沉降在上部结构引起的裂缝和其他异常变形。

3. 上部主体结构检测鉴定

该教学楼地下1层，地上7层，结构形式以钢筋混凝土框架结构为主，局部为砌体结构(东侧楼梯间、中部楼梯间、电梯间、厕所为砌体结构)，楼板为钢筋混凝土预制板，现场测量，教学楼建筑面积约3 600 m^2。

(1)混凝土抗压强度检测。

依据《回弹法检测混凝土抗压强度技术规程》(JGJ/T 23—2011)及《民用建筑可靠性鉴定标准》(GB 50292—2015)的相关规定，采用回弹法并结合老龄混凝土回弹值龄期修正的方法对其混凝土抗压强度进行检测。随机抽取柱、梁检测混凝土强度，混凝土构件抗压强度推定值在32.4～37.7 MPa之间。

(2)烧结砖及砌筑砂浆强度检测。

依据《建筑结构检测技术标准》(GB/T 50344—2019)及《砌体工程现场检测技术标准》(GB/T 50315—2011)的相关规定，现场采用回弹法随机抽检部分砖墙砌筑砂浆的抗压强度，检测结果砖墙砌筑砂浆基本满足M7.5要求。同时对烧结砖强度进行回弹检测、评定，检测结果烧结砖抗压强度基本满足MU10.0要求。

(3)混凝土构件截面尺寸、混凝土构件钢筋配置、结构布置检测。

依据《民用建筑可靠性鉴定标准》(GB 50292—2015)、《混凝土结构现场检测技术标准》(GB/T 50784—2013)的相关规定，对现场柱、梁、板检测截面尺寸测量，具体尺寸详见图5-2～图5-8。现场随机抽取柱、梁构件，采用KON-RBL(D)钢筋位置测定仪对受力钢筋根数、间距进行检测，现场对柱、梁钢筋直径进行剔凿后检测。现场对该工程结构布置进行测量,具体详见图 5-2～图 5-8,其中东侧楼梯间、中部楼梯间、电梯间、厕所为砌体结构,部分楼梯梁直接搭放在砖墙上,砌体部分未检测到构造柱。

(4)裂缝、变形。

经检查,该建筑未发现混凝土构件出现不适于继续承载的受力裂缝或非受力裂缝,未发现混凝土构件受压区出现混凝土压坏迹象及混凝土保护层剥落现象。

(5)结构整体性。

该工程以钢筋混凝土框架结构为主,局部为砌体结构,属于钢筋混凝土结构与砌体结构混合,砌体部分未设置构造柱,部分楼梯梁直接搭放在砖墙上,结构形式不合理。

(五)主体结构承载力计算

根据现场实际检测数据,进行建模计算,柱、梁、板混凝土抗压强度采用 C30。

1. 荷载统计

计算荷载为:教室 2.0 kN/m^2,办公室 2.0 kN/m^2,厕所 2.5 kN/m^2,楼梯间 3.5 kN/m^2,电梯机房 5.0 kN/m^2。楼层为地下 1 层,地上 7 层,钢筋混凝土自重按照 25 kN/m^{3}考虑。

2. 主体结构安全性承载力计算

根据现场检测情况,柱、梁、板构件混凝土强度采用 C30,采用盈建科结构计算软件 YJKS2.0.3 对全楼进行建模计算(未考虑地震作用),通过计算配筋结果与原有结构配筋数据进行对比分析,主要柱、梁受力构件配筋计算面积小于实际配筋面积,主体结构满足安全使用要求。

3. 主体结构抗震计算

根据《建筑抗震鉴定标准》(GB 50023—2009)第 1.0.4 条要求,抗震鉴定按照 B 类建筑进行。根据《建筑工程抗震设防分类标准》(GB 50223—2008)第 6.0.8 条“教育建筑中,幼儿园、小学、中学的教学用房以及学生宿舍和食堂,抗震设防类别应不低于重点设防类”要求,该教学楼抗震按重点类设防(乙类),用于计算时抗震设防烈度按照 7 度,加速度 0.10 g,第二组,用于抗震措施时，抗震设防烈度提高 1 度，按照 8 度考虑。根据《既有建筑鉴定与加固通用规范》(GB 55021—2021)第 5.3.2 条“采用现行规范规定的计算方法进行抗震承载力验算时，B 类建筑的水平地震影响系数最大值应不低于现行标准相应值的 0.9 倍”要求，该建筑抗震计算时，水平地震影响系数取 0.072。通过抗震承载计算，该教学楼 1～6 层中楼梯间、电梯间、厕所范围内砌体墙普遍出现抗震受剪承载力不足。

(六)围护结构系统

该工程围护系统局部存在漏水、面层脱落现象。

三、主体结构安全性鉴定分析

(一)地基基础检测鉴定分析

现场检查，该工程地基基础未见不均匀沉降和滑动迹象，主体结构未发现因地基基础不均匀沉降引起的裂缝和其他异常变形，该建筑场地地基基础稳定。依据《民用建筑可靠性鉴定标准》(GB 50292—2015)第 7.2.3 条：“不均匀沉降小于现行国家标准《建筑地基基础设计规范》(GB 50007—2011)规定的允许沉降差；建筑物无沉降裂缝、变形或位移，地基基础的安全性等级为 A_u 级”的规定，该工程地基基础安全性等级评定为 A_u 级。

(二)上部承重结构检测鉴定分析

1. 结构承载力计算分析

根据现场实际检测数据，计算分析，根据现场检测情况，柱、梁、板构件混凝土强度采用 C30，采用盈建科结构计算软件 YJKS2.0.3 对全楼进行建模计算(未考虑地震作用)，通过计算配筋结果与原有结构配筋数据进行对比分析，主要柱、梁受力构件配筋计算面积小于实际配筋面积，主体结构满足安全使用要求。

2. 结构整体性分析

经检查，该建筑未发现混凝土构件出现不适于继续承载的受力裂缝或非受力裂缝，未发现混凝土构件受压区出现混凝土压坏迹象及混凝土保护层剥落现象，该工程以钢筋混凝土框架结构为主，局部为砌体结构，属于钢筋混凝土结构与砌体结构混合使用,砌体部分未设置构造柱,部分楼梯梁直接搭放在砖墙上,结构形式不合理,依据《民用建筑可靠性鉴定标准》(GB 50292—2015)的相关规定,上部主体结构整体性评定为 B_u级。

3. 围护结构系统分析

该工程围护系统局部存在漏水、面层脱落现象。依据《民用建筑可靠性鉴定标准》(GB 50292—2015)的相关规定,该工程围护系统安全性等级评定为 B_u级。

四、建筑安全性鉴定分析

综合上述检测、计算分析数据及结果,依据《民用建筑可靠性鉴定标准》(GB 50292—2015)第 5.1.4 条、第 5.2.5 条、第 7.2.3 条~7.3.13 条、第 9.1.2 条的相关规定,该工程上部承重结构安全性等级评定为 B_u级。

五、主体结构抗震性能鉴定分析

根据《建筑抗震鉴定标准》(GB 50023—2009)第 1.0.4 条要求,抗震鉴定按照 B 类建筑进行。根据《建筑工程抗震设防分类标准》(GB 50223—2008)第 6.0.8 条"教育建筑中,幼儿园、小学、中学的教学用房以及学生宿舍和食堂,抗震设防类别应不低于重点设防类"要求,该教学楼抗震按重点类设防(乙类),用于计算时抗震设防烈度按照 7 度,加速度 0.10 g,第二组,用于抗震措施时,抗震设防烈度提高 1 度,按照 8 度考虑。根据《既有建筑鉴定与加固通用规范》(GB 55021—2021)第 5.3.2 条"采用现行规范规定的计算方法进行抗震承载力验算时,B 类建筑的水平地震影响系数最大值应不低于现行标准相应值的 0.9 倍"要求,该建筑抗震计算时,水平地震影响系数取 0.072。具体过程详见表 5-1。

表 5-1 抗震鉴定分析结果表

<table>
<tr><th colspan="4">结构抗震措施鉴定及抗震验算时主要参数取值</th></tr>
<tr><td>主要验算参数</td><td colspan="3">取值情况</td></tr>
<tr><td>抗震措施</td><td colspan="3">抗震措施复核时，设防烈度按 8 度，抗震设防类别为乙类</td></tr>
<tr><td>构件承载力验算</td><td colspan="3">根据《建筑工程抗震设防分类标准》(GB 50223—2008)第 6.0.8 条“教育建筑中，幼儿园、小学、中学的教学用房以及学生宿舍和食堂，抗震设防类别应不低于重点设防类”要求，该教学楼抗震按重点类设防(乙类)，用于计算时抗震设防烈度按照 7 度，加速度 0.10 g，第二组。
根据《既有建筑鉴定与加固通用规范》(GB 55021—2021)第 5.3.2 条“采用现行规范规定的计算方法进行抗震承载力验算时，B 类建筑的水平地震影响系数最大值应不低于现行标准相应值的 0.9 倍”要求，该建筑抗震计算时，水平地震影响系数取 0.072</td></tr>
<tr><td>混凝土强度等级</td><td colspan="3">梁、柱、板混凝土抗压强度等级按 C30 进行计算</td></tr>
<tr><td>构件尺寸</td><td colspan="3">按实际测绘尺寸进行验算</td></tr>
<tr><td>钢筋配置</td><td colspan="3">按实际检测钢筋配置进行验算</td></tr>
<tr><td>楼面活荷载取值</td><td colspan="3">教室 2.0 kN/m^2，办公室 2.0 kN/m^2，厕所 2.5 kN/m^2，楼梯间 3.5 kN/m^2，上人屋面 2.0 kN/m^2，不上人屋面 0.5 kN/m^2</td></tr>
<tr><td>风、雪荷载取值</td><td colspan="3">基本风压 0.60 kN/m^2，基本雪压 0.2 kN/m^2</td></tr>
<tr><th colspan="4">第Ⅰ级 抗震措施鉴定</th></tr>
<tr><th colspan="4">基本情况</th></tr>
<tr><td>鉴定项目</td><td>规定值</td><td>实际值</td><td>鉴定结果</td></tr>
<tr><td>房屋高度</td><td>≤14 m</td><td>约 23 m</td><td>☐满足
☑不满足</td></tr>
<tr><th colspan="4">外观质量</th></tr>
<tr><td colspan="3">通过现场检查，该工程梁、柱及节点主要受力部位的混凝土无受力钢筋锈蚀、蜂窝、空洞、夹渣、疏松、剥落等严重缺陷；构件主要受力部位未见有影响结构性能的裂缝；连接部位未见有影响结构传力性能的缺陷</td><td>☑满足
☐不满足</td></tr>
<tr><td colspan="3">该建筑主体结构混凝土构件无明显变形、倾斜和歪扭</td><td>☑满足
☐不满足</td></tr>
</table>

(续表)

<table>
<tr><th colspan="3">场地</th></tr>
<tr><td colspan="2">该建筑抗震设防为7度且建造于对抗震有利地段的建筑,可不进行场地对建筑影响的抗震鉴定。
注:(1)对于建造于危险地段的建筑,场地对建筑影响应按专门规定鉴定;
(2)有利、不利等地段和场地类别,按现行国家标准《建筑抗震设计规范》(GB 50011—2010)划分。
根据《建筑抗震设计规范》(GB 50011—2010)第4.1.1条:
有利地段为稳定基岩,坚硬土,开阔、平坦、密实、均匀的中硬土等;
一般地段为不属于有利、不利和危险的地段;
不利地段为软弱土,液化土,条状突出的山嘴,高耸孤立的山丘,陡坡,陡坎,河岸和边坡的边缘,平面分布上成因、岩性、状态明显不均匀的土层,含故河道、疏松的断层破碎带,暗埋的塘滨沟谷和半填半埋地基,高含水量的可塑黄土,地表存在结构性裂缝等;
危险地段为地震时可能发生滑坡、崩塌、地陷、地裂、泥石流等及发震断裂带上可能发生地表位错的部位</td><td>☑有利地段
□一般地段
□不利地段
□危险地段</td></tr>
<tr><th colspan="3">地基基础</th></tr>
<tr><td colspan="2">该建筑基础无腐蚀、酥碱、松散和剥落,上部结构无明显裂缝、倾斜且无发展趋势</td><td>☑满足
□不满足</td></tr>
<tr><td colspan="2">该建筑地基基础评为无严重静载缺陷,可不进行地基基础的抗震鉴定</td><td>☑满足
□不满足</td></tr>
<tr><th colspan="3">上部主体结构</th></tr>
<tr><td>结构体系</td><td>该建筑框架结构为双向框架。8、9度时,现有结构体系宜按下列规则性的要求检查:平面局部突出部分的长度不宜大于宽度,且不宜大于该方向总长度的30%。立面局部缩进的尺寸不宜大于该方向水平总尺寸的25%。楼层刚度不宜小于其相邻上层刚度的70%,且连续三层总的刚度降低不宜大于50%。无砌体结构相连,且平面内的抗侧力构件及质量分布宜均匀对称</td><td>□满足
☑不满足</td></tr>
</table>

（续表）

<table>
<tr><th colspan="3">上部主体结构</th></tr>
<tr><td>结构体系</td><td>结构形式以钢筋混凝土框架结构为主，局部为砌体结构，结构形式不合理，根据《建筑抗震鉴定标准》7.1.1 条及条文说明的规定，这类房屋抗震能力差，仅用于丙类设防，该建筑为乙类，不满足</td><td>□满足
☑不满足</td></tr>
<tr><td>材料</td><td>该建筑梁、柱实际达到的混凝土强度等级大于 C20。砖实际强度等级不低于 MU7.5，砂浆实际强度不低于 M5</td><td>☑满足
□不满足</td></tr>
<tr><td rowspan="3">结构布置</td><td>梁截面的宽度不宜小于 200 mm，梁截面的高宽比不宜大于 4；梁净跨与截面高度之比不宜小于 4</td><td>☑满足
□不满足</td></tr>
<tr><td>柱的截面宽度不宜小于 300 mm，柱净高与截面高度（圆柱直径）之比不宜小于 4</td><td>☑满足
□不满足</td></tr>
<tr><td>该建筑柱轴压比小于 0.8，未超过《建筑抗震鉴定标准》表 6.3.2-1 的规定</td><td>☑满足
□不满足</td></tr>
<tr><td>整体性</td><td>房屋的整体性连接构造应符合下列要求，外墙四角和楼梯间、电梯间四角应设置构造柱</td><td>□满足
☑不满足</td></tr>
<tr><th colspan="3">第二级抗震承载力验算</th></tr>
<tr><td colspan="3">根据《建筑抗震鉴定标准》（GB 50023—2009）第 1.0.4 条要求，抗震鉴定按照 B 类建筑进行，根据《建筑工程抗震设防分类标准》（GB 50223—2008）第 6.0.8 条“教育建筑中，幼儿园、小学、中学的教学用房以及学生宿舍和食堂，抗震设防类别应不低于重点设防类”要求，该教学楼抗震按重点类设防（乙类），用于计算时抗震设防烈度按照 7 度，加速度 0.10 g，第二组，用于抗震措施时，抗震设防烈度提高一度，按照 8 度考虑。根据《既有建筑鉴定与加固通用规范》（GB 55021—2021）第 5.3.2 条“采用现行规范规定的计算方法进行抗震承载力验算时，B 类建筑的水平地震影响系数最大值应不低于现行标准相应值的 0.9 倍”要求，该建筑抗震计算时，水平地震影响系数取 0.072。
通过抗震承载计算，该教学楼 1～6 层中楼梯间、电梯间、厕所范围内砌体墙普遍出现抗震受剪承载力不足。</td></tr>
</table>

(续表)

抗震鉴定结论
该建筑结构形式为钢筋混凝土结构与砌体结构混合使用,结构体系不满足抗震要求,结构高度、结构整体性不满足抗震要求,教学楼1～6层中楼梯间、电梯间、厕所范围内砌体墙抗震受剪承载力不足抗震要求

六、鉴定结论

通过现场调查、检测、数据计算分析,得出如下结论。

(1)依据《民用建筑可靠性鉴定标准》(GB 50292—2015)等相关规范的规定,某教学楼项目,在不增加荷载、正常使用情况下(不考虑地震作用),主体结构基本满足安全使用要求,安全性等级评定为 B_{su}级。

(2)依据《建筑抗震鉴定标准》(GB 50023—2009)等相关规范的规定,某教学楼项目作为重点类设防,不满足抗震要求。

第六章　框架结构既有建筑安全性及抗震性能鉴定案例(二)

一、工程概况

某公寓楼建筑总面积为 4 346 m^2，主体高度 17.2 m，为钢筋混凝土框架结构，由两个单体组成：西侧单体为五层，长约 33 m，宽约 19.5 m，东侧单体为四层，长约 36 m，宽约 10 m。该建筑各单体均采用现浇钢筋混凝土柱、梁、板体系，基础形式持力层为强风化片麻岩，工程现状外观见图 6-1，具体结构平面布置示意图详见图 6-2～图 6-6。

委托方为了解该建筑主体结构的抗震性能，委托对该工程的结构抗震性能进行检测鉴定，并依据实际检测鉴定情况出具检测鉴定报告书。

图 6-1　工程外观照片

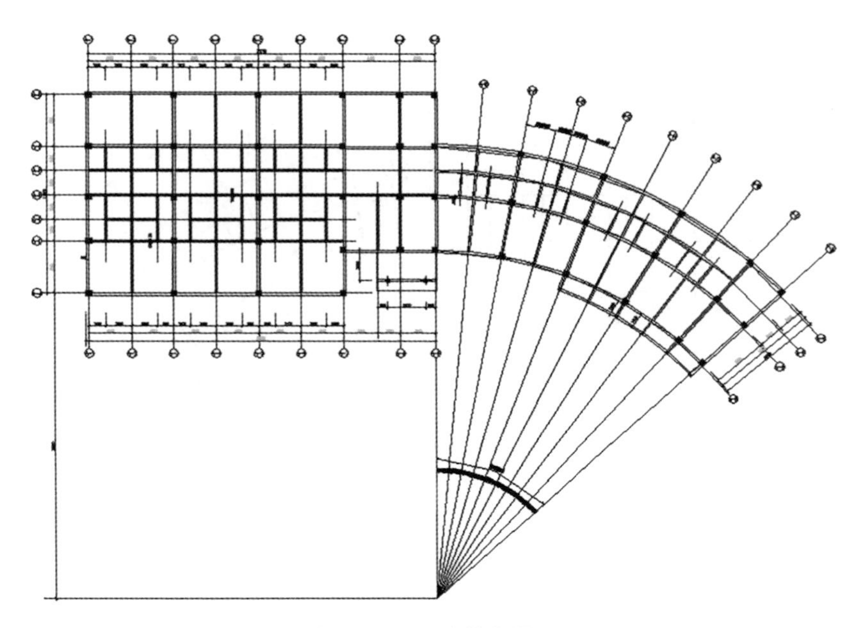

图 6-2　一层结构布置图

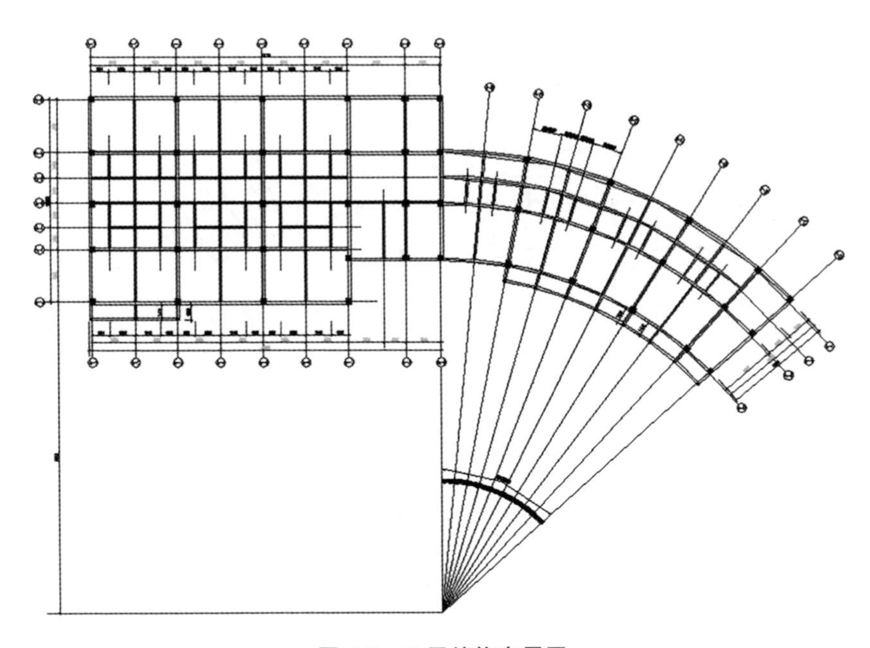

图 6-3　二层结构布置图

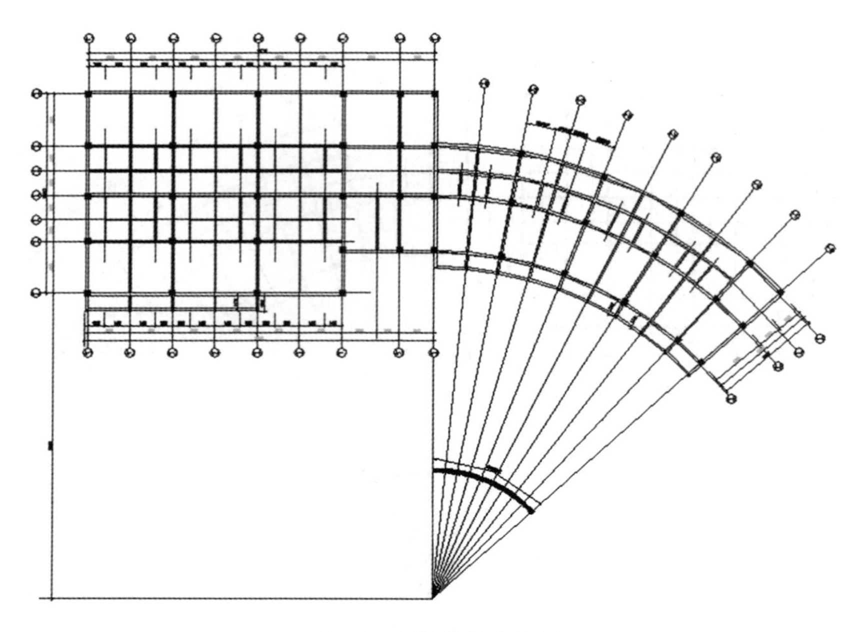

图 6-4　三层结构布置图

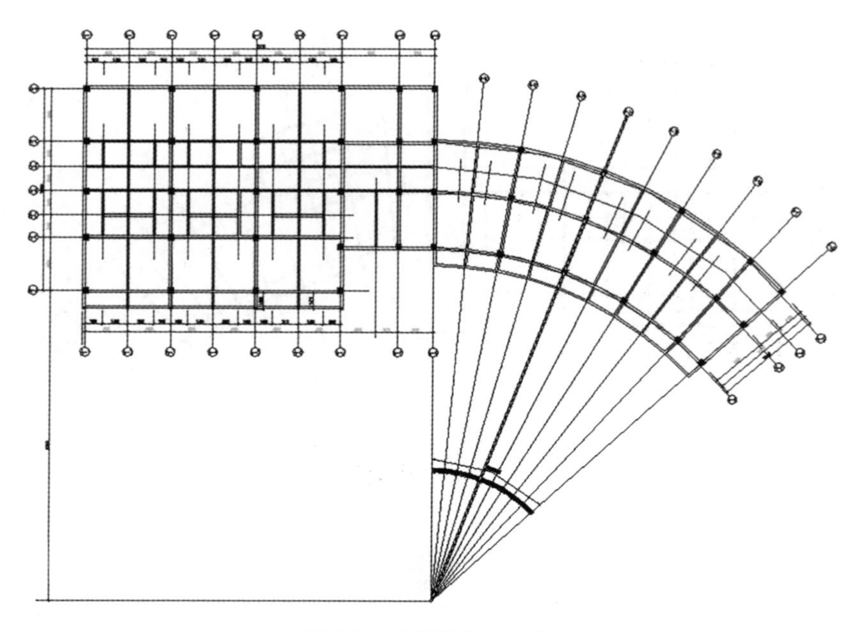

图 6-5　四层结构布置图

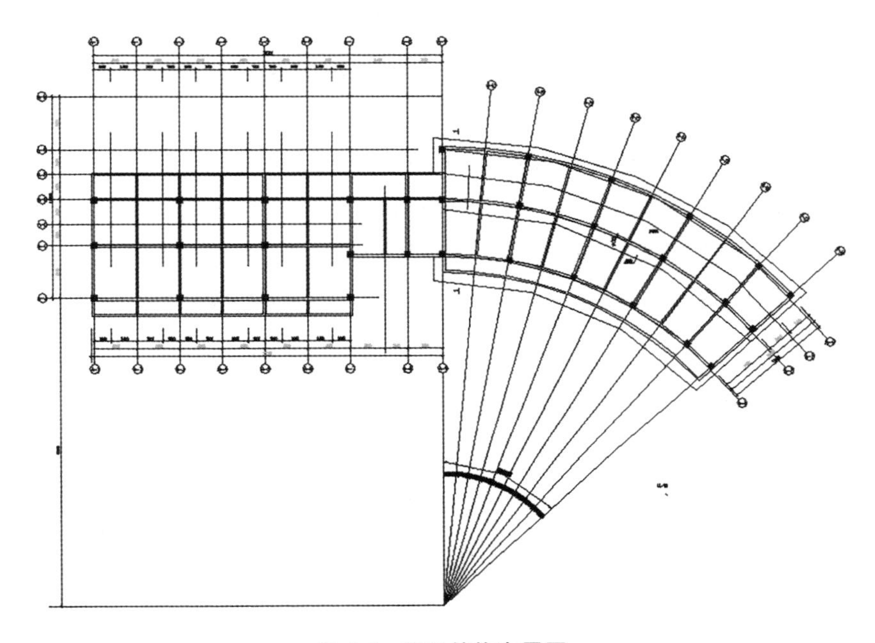

图 6-6　五层结构布置图

二、抗震性能鉴定分析

(一)鉴定目的

委托方为了解该建筑主体结构的抗震性能,确保安全使用。

(二)鉴定内容

(1)现场调查;

(2)场地、地基基础抗震检测鉴定;

(3)上部承重结构抗震检测鉴定;

(4)根据检测鉴定情况,通过分析计算,评价所鉴定建筑的结构抗震性能,编制检测鉴定报告书。

(三)检测鉴定依据

(1)《建筑抗震鉴定标准》(GB 50023—2009);

(2)《建筑工程抗震设防分类标准》(GB 50223—2008);

(3)《建筑抗震设计规范》(GB 50011—2010);

(4)《混凝土结构设计规范》(GB 50010—2010);

(5)《建筑地基基础设计规范》(GB 50007—2011);

(6)《建筑结构检测技术标准》(GB/T 50344—2019);

(7)《混凝土结构现场检测技术标准》(GB/T 50784—2013);

(8)《回弹法检测混凝土抗压强度技术规程》(JGJ/T 23—2011);

(9)《钻芯法检测混凝土强度技术规程》(CECS 03:2007);

(10)委托方提供的施工图纸及工程技术资料。

(四)现场检测

派专业技术人员到现场进行检测鉴定,该建筑为五层,框架结构,建筑面积4 346 m^2,主体高度17.2 m,建筑结构安全等级为二级,抗震设防烈度7度,抗震设防类别丙类,框架结构抗震等级三级,设计地震分组第一组,设计基本地震加速度值0.1 g,建筑场地类别Ⅰ类,基本风压0.65 kN/m^2,基本雪压0.45 kN/m^2,设计使用年限50年。

1. 现场调查

经检查,该工程主体结构无明显倾斜、裂缝、渗漏等现象。建筑结构布局与原设计图纸基本一致,未发现不合理使用荷载。

2. 场地、地基基础

查阅设计图纸,该建筑场地类别为Ⅰ类,基础形式持力层为强风化片麻岩。现场检查,地基基础无沉降和滑动迹象,现场采用全站仪对该房屋四角建筑倾斜变形进行控制观测,建筑倾斜变形值较小,同时对建筑外观进行全面检测,未发现因地基基础不均匀沉降在上部结构引起的裂缝和其他异常变形。

3. 上部承重结构

该工程为五层钢筋混凝土框架结构,混凝土设计强度:框架柱、梁、板均为C30。

(1)混凝土强度检测。

依据《回弹法检测混凝土抗压强度技术规程》(JGJ/T 23—2011)及《钻芯法检测混凝土强度技术规程》(CECS 03:2007)的相关规定,采用回弹—

钻芯综合法检测现浇构件混凝土强度。随机抽取柱、梁、板检测混凝土强度，混凝土抗压强度推定值在34.5～37.8 MPa之间。

(2)构件尺寸、结构布置、钢筋配置、钢筋保护层厚度检测。

现场随机抽样检测，构件尺寸、结构布置基本满足设计要求。

现场抽检该工程梁、板的钢筋保护层厚度及钢筋配置，该工程钢筋保护层厚度及钢筋配置满足设计要求。

(3)裂缝、变形。

经检查，该建筑未发现混凝土构件出现不适于继续承载的受力裂缝或非受力裂缝，未发现混凝土构件受压区出现混凝土压坏迹象及混凝土保护层剥落现象。

(4)结构整体性。

该工程结构布置合理，能形成完整的传力系统，构件长细比及连接构造符合现行设计规范规定，结构联系合理，连接正确，无松动变形或残损。

(五)抗震鉴定分析

根据《建筑工程抗震设防分类标准》(GB 50223—2008)及设计图纸要求，该工程的抗震设防类别为标准设防(丙类设防)，即按本地区抗震设防烈度要求进行抗震措施设置，并按本地区抗震设防烈度确定其地震作用。

根据《建筑抗震鉴定标准》(GB 50023—2009)及委托方意见，该建筑现已使用接近20年，按照后续使用40年进行抗震鉴定分析，按B类建筑进行抗震鉴定。该工程抗震鉴定分为两级，第一级鉴定以宏观控制和构造鉴定为主进行综合评价，第二级鉴定以抗震验算为主结合构造影响进行评价。具体抗震措施检查及现有构件抗震承载能力验算，详见表6-1。

表 6-1 抗震鉴定分析结果表

结构抗震措施鉴定及抗震验算时主要参数取值	
主要验算参数	取值情况
抗震措施	抗震设防烈度为 7 度(0.1 g)、第一组、抗震设防类别为丙类，该建筑后续使用年限为 40 年(属 B 类建筑)
构件承载力验算	抗震设防烈度为 7 度(0.1 g)、第一组、抗震设防类别为丙类，根据现行国家标准《建筑抗震设计规范》(GB 50011—2010)的方法进行抗震分析，按《建筑抗震鉴定标准》(GB 50023—2009)标准第 3.0.5 条的规定进行构件承载力验算，乙类框架结构尚应进行变形验算； 当抗震构造措施不满足《建筑抗震鉴定标准》(GB 50023—2009)第 6.3.1～6.3.9 条的要求时，可按《建筑抗震鉴定标准》(GB 50023—2009)标准第 6.2 节的方法计入构造的影响进行综合评价。 构件截面抗震验算时，其组合内力设计值的调整应符合《建筑抗震鉴定标准》(GB 50023—2009)标准附录 D 的规定，截面抗震验算应符合《建筑抗震鉴定标准》(GB 50023—2009)标准附录 E 的规定。
混凝土强度等级	梁、柱、板混凝土抗压强度等级按 C30 进行计算
构件尺寸	按原设计图纸进行验算
钢筋配置	按原设计图纸进行验算
楼面活荷载取值	卧室、客厅 2.0 kN/m^2，楼梯 2.0 kN/m^2，厨房、卫生间 2.0 kN/m^2，阳台 2.5 kN/m^2，厨房餐厅 2.5 kN/m^2，上人屋面 2.0 kN/m^2，不上人屋面 0.5 kN/m^2
风、雪荷载取值	基本风压 0.65 kN/m^2，基本雪压 0.45 kN/m^2

第Ⅰ级 抗震措施鉴定			
基本情况			
鉴定项目	规定值	实际值	鉴定结果
房屋高度	≤55 m	17.2 m	☑满足 □不满足
烈度	7 度	7 度	■满足 □不满足

(续表)

外观质量	
通过现场检查,该工程梁、柱及节点主要受力部位的混凝土无受力钢筋锈蚀、蜂窝、空洞、夹渣、疏松、剥落等严重缺陷;构件主要受力部位未见有影响结构性能的裂缝;连接部位未见有影响结构传力性能的缺陷	☑满足 □不满足
该建筑主体结构混凝土构件无明显变形、倾斜和歪扭	☑满足 □不满足
场地	
该建筑抗震设防为7度且建造于对抗震有利地段的建筑,可不进行场地对建筑影响的抗震鉴定。 注:(1)对于建造于危险地段的建筑,场地对建筑影响应按专门规定鉴定。 (2)有利、不利等地段和场地类别,按现行国家标准《建筑抗震设计规范》(GB 50011—2010)划分。 根据《建筑抗震设计规范》(GB 50011—2010)第4.1.1条: 有利地段为稳定基岩,坚硬土,开阔、平坦、密实、均匀的中硬土等; 一般地段为不属于有利、不利和危险的地段; 不利地段为软弱土,液化土,条状突出的山嘴,高耸孤立的山丘,陡坡,陡坎,河岸和边坡的边缘,平面分布上成因、岩性、状态明显不均匀的土层,含故河道、疏松的断层破碎带,暗埋的塘浜沟谷和半填半埋地基,高含水量的可塑黄土,地表存在结构性裂缝等; 危险地段为地震时可能发生滑坡、崩塌、地陷、地裂、泥石流等及发震断裂带上可能发生地表位错的部位	☑有利地段 □一般地段 □不利地段 □危险地段
地基基础	
该建筑基础无腐蚀、酥碱、松散和剥落,上部结构无明显裂缝、倾斜且无发展趋势	☑满足 □不满足
该建筑地基基础评为无严重静载缺陷,可不进行地基基础的抗震鉴定	☑满足 □不满足

（续表）

上部主体结构		
结构形式	该建筑为框架结构且为双向框架	☑满足 □不满足
结构体型的规则性	8、9度时，现有结构体系宜按下列规则性的要求检查：平面局部突出部分的长度不宜大于宽度，且不宜大于该方向总长度的30%。立面局部缩进的尺寸不宜大于该方向水平总尺寸的25%。楼层刚度不宜小于其相邻上层刚度的70%，且连续三层总的刚度降低不宜大于50%。无砌体结构相连，且平面内的抗侧力构件及质量分布宜均匀对称。 该建筑为7度设防，无须核查该项	□满足 □不满足 ☑不核查该项
材料	该建筑梁、柱实际达到的混凝土强度等级大于C20	☑满足 □不满足
结构布置	梁截面的宽度不宜小于200 mm，梁截面的高宽比不宜大于4；梁净跨与截面高度之比不宜小于4	☑满足 □不满足
	柱的截面宽度不宜小于300 mm，柱净高与截面高度（圆柱直径）之比不宜小于4	☑满足 □不满足
	该建筑柱轴压比小于0.9，未超过《建筑抗震鉴定标准》表6.3.2-1的规定	☑满足 □不满足
框架梁配筋与构造要求	该建筑梁端纵向受拉钢筋的配筋率小于2.5%，且混凝土受压区高度和有效高度之比小于0.35	☑满足 □不满足
	该建筑梁端截面的底面和顶面实际配筋量的比值，除按计算确定外，三级不小于0.3	☑满足 □不满足
框架梁配筋与构造要求	该建筑梁端箍筋实际加密区的长度、箍筋最大间距和最小直径满足《建筑抗震鉴定标准》(GB 50023—2009)表6.3.4的要求	☑满足 □不满足
	该建筑梁顶面和底面的通长钢筋不少于$2\varphi12$	☑满足 □不满足
	该建筑加密区箍筋肢距均小于250 mm	☑满足 □不满足

(续表)

上部主体结构		
框架柱配筋与构造要求	该建筑柱实际纵向钢筋的总配筋率大于《建筑抗震鉴定标准》(GB 50023—2009)表 6.3.5-1 的要求	☑满足 □不满足
	该建筑柱箍筋在规定的范围内加密,加密区的箍筋最大间距和最小直径,不低于《建筑抗震鉴定标准》(GB 50023—2009)表 6.3.5-2 的要求	☑满足 □不满足
	该建筑柱箍筋的加密区范围满足下列规定:柱端,为截面高度(圆柱直径)、柱净高的 1/6 和 500 mm 三者的最大值;底层柱为刚性地面上下各 500 mm;柱净高与柱截面高度之比小于 4 的柱(包括因嵌砌填充墙等形成的短柱)、框支柱、一级框架的角柱,为全高	☑满足 □不满足
	该建筑柱加密区的箍筋最小体积配箍率,不小于《建筑抗震鉴定标准》(GB 50023—2009)表 6.3.5-3 的规定	☑满足 □不满足
框架柱配筋与构造要求	该建筑柱加密区箍筋肢距不大于 300 mm,且每隔一根纵向钢筋宜在两个方向有箍筋约束	☑满足 □不满足
	该建筑柱非加密区的实际箍筋量不小于加密区的 50%,且箍筋间距不大于 15 倍纵向钢筋直径	☑满足 □不满足
节点核心区	该建筑框架节点核芯区内箍筋的最大间距和最小直径满足《建筑抗震鉴定标准》(GB 50023—2009)表 6.3.5-2 的要求,体积配箍率分别不小于 0.6%,轴压比小于 0.4 时,满足《建筑抗震鉴定标准》(GB 50023—2009)表 6.3.5-3 的要求	☑满足 □不满足
填充墙	该建筑填充墙在平面和竖向的布置,宜均匀对称	☑满足 □不满足
	该建筑砌体填充墙与框架连接满足下列要求。 (1)沿框架柱高每隔 500 mm 有 2φ6 拉筋,拉筋伸入填充墙内长度,一、二级框架宜沿墙全长拉通;三、四级框架不应小于墙长的 1/5 且不小于 700 mm。 (2)墙长度大于 5 m 时,墙顶部与梁宜有拉结措施,墙高度超过 4 m 时,宜在墙高中部有与柱连接的通长钢筋混凝土水平系梁	☑满足 □不满足

（续表）

第二级抗震承载力验算
根据现行国家标准《建筑抗震设计规范》（GB 50011—2010）的方法进行抗震分析，按《建筑抗震鉴定标准》（GB 50023—2009）标准第 3.0.5 条的规定进行构件承载力验算，乙类框架结构尚应进行变形验算；当抗震构造措施不满足《建筑抗震鉴定标准》（GB 50023—2009）第 6.3.1～6.3.9 条的要求时，可按《建筑抗震鉴定标准》（GB 50023—2009）标准第 6.2 节的方法计入构造的影响进行综合评价。 构件截面抗震验算时，其组合内力设计值的调整应符合《建筑抗震鉴定标准》（GB 50023—2009）标准附录 D 的规定，截面抗震验算应符合《建筑抗震鉴定标准》（GB 50023—2009）标准附录 E 的规定。 当场地处于本标准第 4.1.3 条规定的不利地段时，地震作用尚应乘以增大系数 1.1～1.6。 抗震承载力验算详见附件 1
构件抗震承载力计算模型
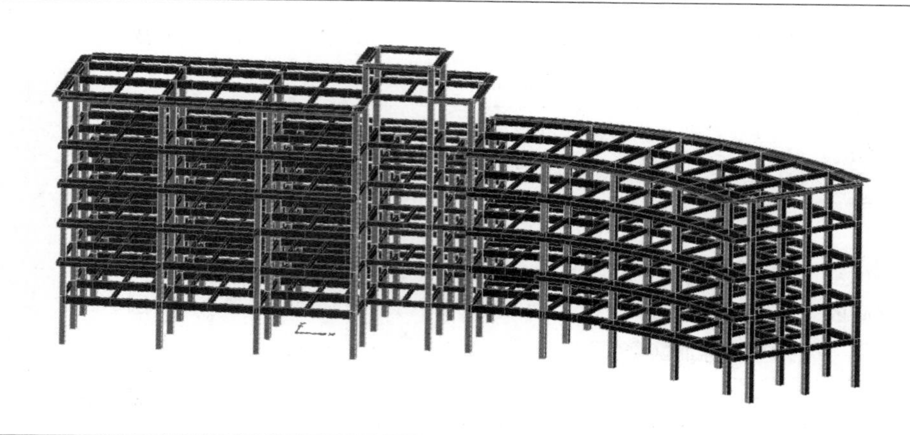
构件承载力验算结果
采用盈建科软件对该建筑的混凝土构件进行承载力验算，并同时计算楼层综合抗震能力指数（详见表 6-1-1、表 6-1-2），将计算结果与原设计图纸进行对比，具体比较结果如下：根据计算结果比较该建筑混凝土梁、板、柱的配筋值，该建筑原设计图纸中混凝土梁、板、柱配筋值不少于计算配筋值，承载力满足要求

(续表)

第二级抗震承载力验算

表 6-1-1　X 向楼层抗震能力指数

层号	Fat1_X	Fat2_X	Ratio_BSX	Beita_X
5	1.00	1.00	>1.0	>1.0
4	1.00	1.00	>1.0	>1.0
3	1.00	1.00	>1.0	>1.0
2	1.00	1.00	>1.0	>1.0
1	1.00	1.00	>1.0	>1.0

表 6-1-2　Y 向楼层抗震能力指数

层号	Fat1_Y	Fat2_Y	Ratio_BSY	Beita_Y
5	1.00	1.00	>1.0	>1.0
4	1.00	1.00	>1.0	>1.0
3	1.00	1.00	>1.0	>1.0
2	1.00	1.00	>1.0	>1.0
1	1.00	1.00	>1.0	>1.0

☑抗震承载力满足鉴定标准要求　　□抗震承载力不满足鉴定标准要求

六、抗震鉴定结论

通过现场调查、检测、数据计算分析，得出如下结论。

依据《建筑抗震鉴定标准》(GB 50023—2009)相关要求，某公寓楼，主体结构满足 B 类建筑抗震性能要求。

第七章　砌体结构既有建筑安全性及抗震性能鉴定案例(三)

一、工程基本概况

本次鉴定为三层砌体房屋一栋,结构形式为砌体结构,外围墙体采用块石砌筑,内部墙体采用烧结红砖砌筑,楼板为钢筋混凝土预制板。由于建设年代久远,委托方为了解该房屋主体结构的安全性,委托对该工程主体结构的安全性进行检测鉴定。

二、安全性及抗震性能鉴定分析

(一)检测鉴定的目的、内容

1. 目的

委托方为了解该处房屋主体结构的安全性,委托对该工程主体结构的安全性进行检测鉴定,以确保房屋安全使用。

2. 内容

(1)工程质量普查;

(2)地基基础检测鉴定;

(3)上部承重结构检测鉴定;

(4)围护系统检测鉴定;

(5)根据检测鉴定情况,通过分析计算,评价所鉴定房屋的结构安全性及抗震性能,编制检测鉴定报告书。

(二)检测鉴定依据

(1)《建筑结构检测技术标准》(GB/T 50344—2019);

(2)《砌体工程现场检测技术标准》(GB/T 50315—2011)；

(3)《混凝土结构现场检测技术标准》(GB/T 50784—2013)；

(4)《回弹法检测混凝土抗压强度技术规程》(JGJ/T 23—2011)；

(5)《建筑结构荷载规范》(GB 50009—2012)；

(6)《砌体结构设计规范》(GB 50003—2011)；

(7)《建筑地基基础设计规范》(GB 50007—2011)；

(8)《民用建筑可靠性鉴定标准》(GB 50292—2015)。

(三)现场检测

2022 年 1 月 19 日—20 日，派专业技术人员到现场进行检测鉴定，该房屋结构形式为砌体结构，外围墙体采用块石砌筑，内部墙体采用烧结红砖砌筑，楼板为钢筋混凝土预制板，鉴定面积约 930 m^2，工程外观见图 7-1、图 7-2。

1. 工程质量普查

现场检查，该三层砌体房屋无明显倾斜、变形。阳台钢筋混凝土梁、房屋内部一层梁钢筋锈蚀、部分外露，由于钢筋锈蚀膨胀导致混凝土沿钢筋方向剥离、脱落。部分预制楼梯踏板钢筋锈蚀，由于钢筋锈蚀膨胀导致混凝土沿钢筋方向剥离、脱落。阳台混凝土栏杆钢筋锈蚀严重，混凝土开裂、损坏。

图 7-1　工程南立面外观照片

图 7-2 工程北立面外观照片

2. 地基基础

现场检查，三层砌体房屋地基无沉降和滑动迹象，采用高精度全站仪对该房屋四角建筑倾斜变形进行控制观测，建筑基本无倾斜变形，同时对建筑外观进行全面检测，未发现因地基基础不均匀沉降在上部结构引起的裂缝和其他异常变形。

3. 上部承载结构

三层砌体结构房屋，外围墙体采用块石砌筑，内部墙体采用烧结红砖砌筑，楼板为钢筋混凝土预制板，鉴定面积约 930 m^2。现场采用钢筋位置测定仪 KON-RBL(D)进行检测，未发现墙体拉结筋及构造柱钢筋，发现沿房屋外墙每层顶部设置圈梁，内部墙体顶部未设置圈梁。由于房屋建设年代久远，未查找到施工图纸，现场根据实际情况进行结构布置测绘，详见图 7-3～图 7-5。

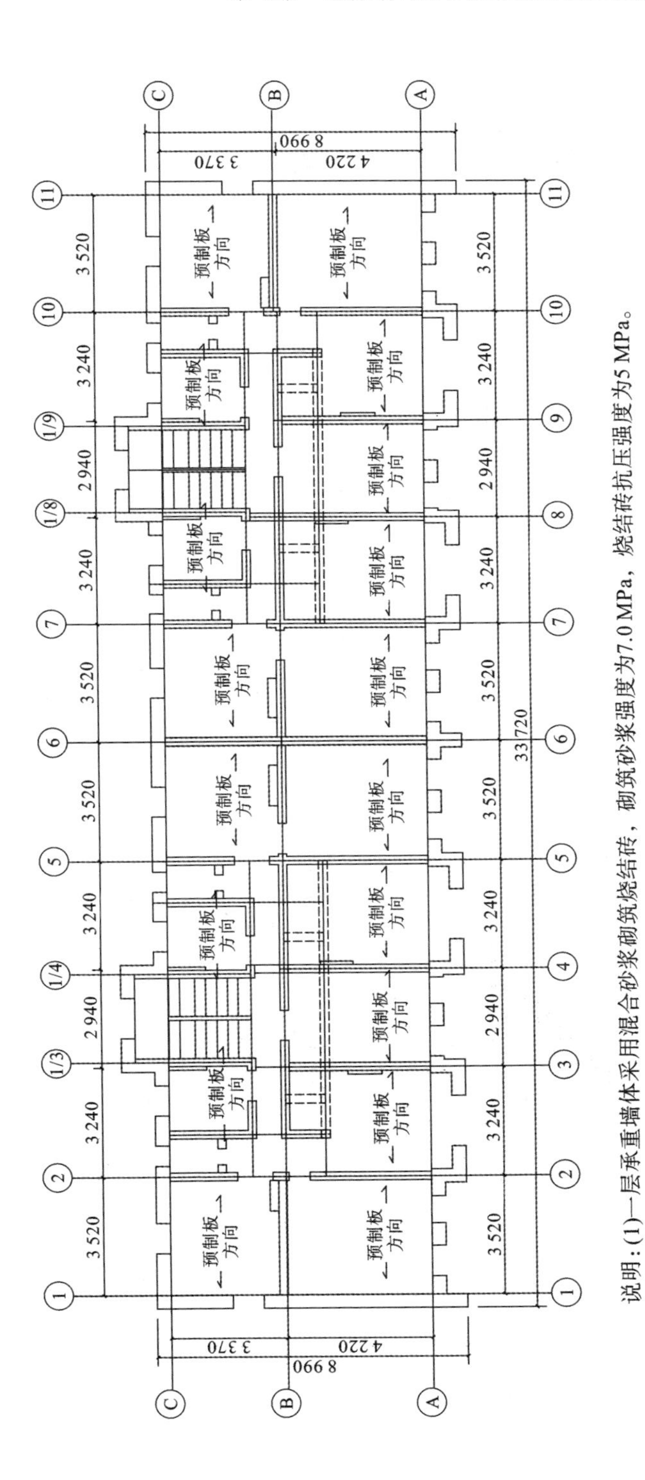

说明:(1)一层承重墙体采用混合砂浆砌筑烧结砖，砌筑砂浆强度为7.0 MPa，烧结砖抗压强度为5 MPa。
(2)混凝土柱、梁、圈梁抗压强度为C20。

图7-3　一层结构平面布置图

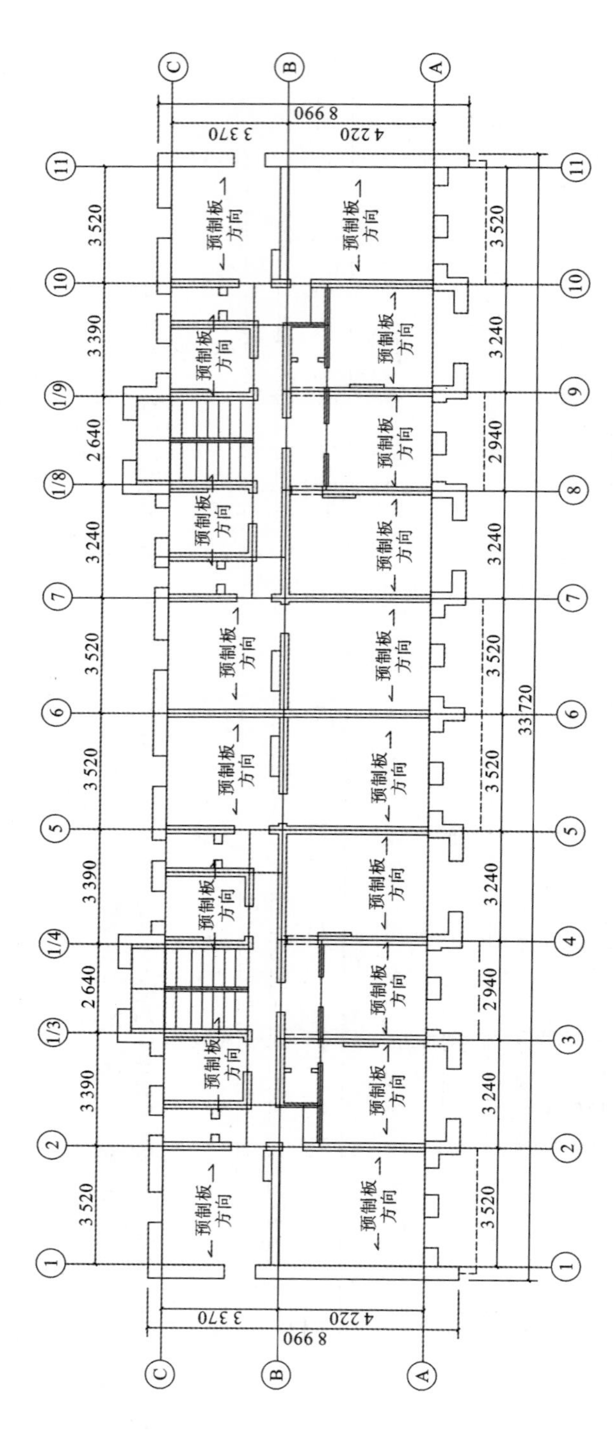

说明：(1)二层承重墙体采用混合砂浆砌筑烧结砖，砌筑砂浆强度为7.0 MPa，烧结砖抗压强度为5 MPa。

(2)混凝土柱、梁、圈梁抗压强度为C20。

图7-4 二层结构平面布置图

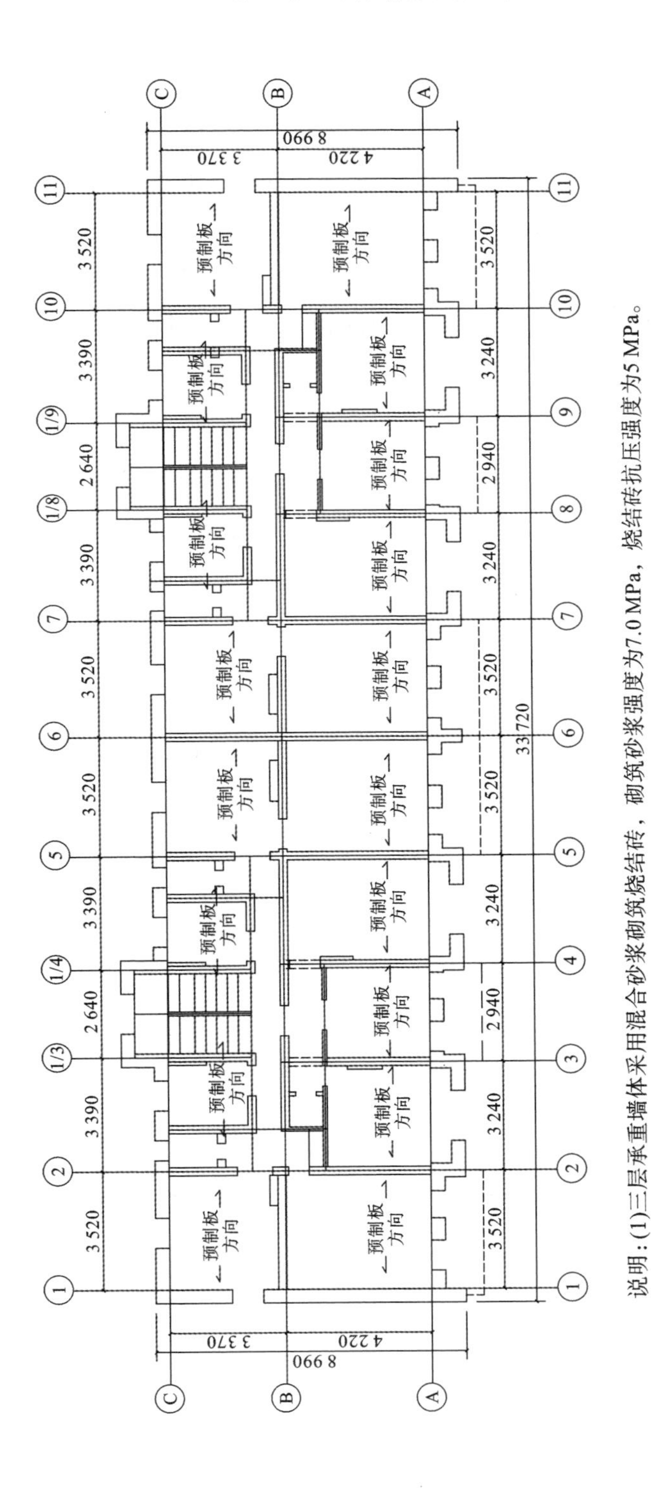

说明：(1)三层承重墙体采用混合砂浆砌筑烧结砖，砌筑砂浆强度为7.0 MPa，烧结砖抗压强度为5 MPa。

(2)混凝土柱、梁、圈梁抗压强度为C20。

图7-5　三层结构平面布置图

4. 砌筑材料强度检测

依据《砌体工程现场检测技术标准》(GB/T 50315—2011)的相关规定，采用回弹法对三层砌体房屋随机抽检部分烧结砖的抗压强度，检测结果见表 7-1。采用回弹法随机抽检部分砌筑砂浆的抗压强度，检测结果见表 7-2。依据《回弹法检测混凝土抗压强度技术规程》(JGJ/T 23—2011)及《民用建筑可靠性鉴定标准》(GB 50292—2015)的相关规定，采用回弹法并结合老龄混凝土回弹值龄期修正的方法对混凝土抗压强度进行检测，随机抽取构件检测混凝土强度结果见表 7-3。

表 7-1 墙体烧结砖抗压强度检测结果表

楼层	位置	强度代表值(MPa)	抗压强度平均值(MPa)	抗压强度标准值或最小值(MPa)	抗压强度推定等级
一层	A-B/3	7.5	7.4	5.6	MU5.0
一层	A-B/4	7.2			
一层	B-C/3	7.1			
一层	B-C/4	7.6			
一层	A-B/8	7.4			
一层	A-B/9	7.1			
一层	B-C/8	7.2			
一层	B-C/9	7.3			
二层	C/3-4	7.5			
三层	B/2-3	7.8			

表 7-2　砂浆抗压强度检测结果表

序号	位置	抗压强度代表值(MPa)	抗压强度平均值(MPa)	1.33 倍抗压强度最小值(MPa)	抗压强度推定值(MPa)
一层	A-B/3	6.9	7.0	8.8	7.0
	A-B/4	6.8			
	B-C/3	7.0			
	B-C/4	7.5			
	A-B/8	7.0			
	A-B/9	6.9			
	B-C/8	6.6			
	B-C/9	6.9			
	C/3-4	6.8			
	B/2-3	7.7			

表 7-3　混凝土抗压强度检测结果表

名称	构件位置	强度推定值(MPa)
三层房屋	检测点一(圈梁)	22.1
	检测点二(一层内部梁)	21.9
	检测点三(阳台悬挑梁)	20.7
	检测点四(阳台悬挑梁)	21.5
健身房	检测点一(中间梁)	26.8
	检测点二(中间梁)	25.3

5. 裂缝、变形、锈蚀

经检查发现该三层砌体房屋阳台钢筋混凝土梁普遍存在钢筋锈蚀、部分外露，由于钢筋锈蚀膨胀导致混凝土沿钢筋方向剥离、脱落，阳台混凝土栏杆钢筋锈蚀严重，混凝土开裂、损坏，详见图 7-6～图 7-10。

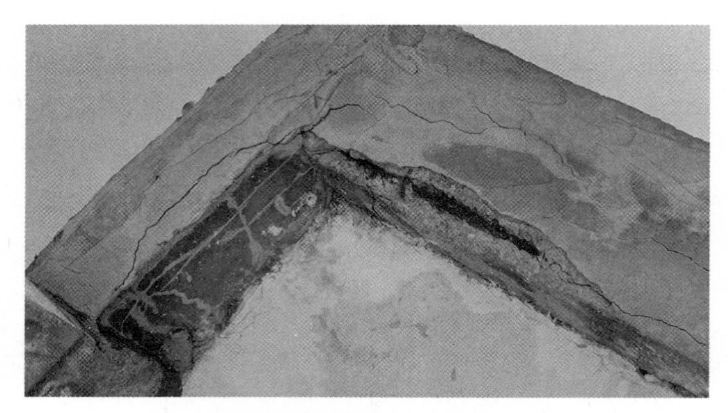

图 7-6　阳台梁钢筋锈蚀、混凝土破损、剥离

图 7-7　阳台梁钢筋锈蚀、外露，由于钢筋锈蚀膨胀导致混凝土沿钢筋方向剥离、脱落

图 7-8　阳台梁钢筋锈蚀、外露，由于钢筋锈蚀膨胀导致混凝土沿钢筋方向剥离、脱落

图 7-9　阳台围栏钢筋锈蚀严重、混凝土破损

图 7-10　阳台围栏钢筋锈蚀严重、混凝土破损

砌体房屋内部一层 A-B/2-5 轴、A-B/7-10 轴间梁钢筋锈蚀、部分外露，由于钢筋锈蚀膨胀导致混凝土沿钢筋方向剥离、脱落。西单元一楼、二楼部分预制楼梯踏板钢筋锈蚀，由于钢筋锈蚀膨胀导致混凝土沿钢筋方向剥离、脱落，详见图 7-11、图 7-12。

图 7-11　一层 A-B/2-5 轴、A-B/7-10 轴间梁钢筋锈蚀，由于钢筋锈蚀膨胀导致混凝土沿钢筋方向剥离、脱落

图 7-12　预制楼梯踏板钢筋锈蚀，由于钢筋锈蚀膨胀导致混凝土沿钢筋方向剥离、脱落

6. 结构承载能力计算

根据检测数据和现场测绘图，采用盈建科结构设计软件对该建筑进行承载力建模计算，砌体房屋内部活荷载 2.0 kN/m^2、走廊荷载 2.0 kN/m^2、不

上人屋面 0.5 kN/m²、风荷载标准值 0.6 kN/m²、雪荷载标准值 0.2 kN/m²。模型详见图 7-13。

图 7-13　结构承载力计算模型

7. 结构整体性

三层砌体房屋未检测到墙体拉结筋及构造柱,结构体系仅为普通的竖向传力体系,楼板采用钢筋混凝土预制板,整体性差。

8. 结构侧向(水平)倾斜

使用全站仪对三层砌体房屋的侧向(水平)倾斜进行了检测,现场检测结果见表 7-4。

表 7-4　建筑物侧向(水平)倾斜检测结果表(mm)

检测点	高度	倾斜方向	倾斜量	允许偏差	结论
1	8 500	上偏西	3	28	合格
		上偏北	2	28	
2	8 500	上偏东	2	28	合格
		上偏北	4	28	
3	8 500	上偏北	2	28	合格
		上偏东	3	28	
4	8 500	上偏北	4	28	合格
		上偏西	2	28	
说明:观测位置为房屋四角					

(四)安全性鉴定分析

1. 地基基础

经检测,三层砌体房屋地基基础无沉降和滑动迹象,主体结构未发现因地基基础不均匀沉降引起的裂缝和其他异常变形,该建筑场地地基基础稳定。依据《民用建筑可靠性鉴定标准》(GB 50292—2015)第7.2.3条“不均匀沉降小于现行国家标准《建筑地基基础设计规范》(GB 50007—2011)规定的允许沉降差;或建筑物无沉降裂缝、变形或位移,地基基础的安全性等级为A_u级”的规定,该三层砌体房屋地基基础安全性等级评定为A_u级。

2. 上部承重结构

经现场检测,该三层砌体房屋未设置构造柱,无法起到闭合系统作用,楼板与墙体之间为搭接,传递水平作用能力弱,结构整体性差,根据《民用建筑可靠性鉴定标准》(GB 50292—2015)第7.3.9条,结构整体性等级评定为B_u级。

该三层砌体房屋阳台钢筋混凝土梁普遍存在钢筋锈蚀、部分外露,由于钢筋锈蚀膨胀导致混凝土沿钢筋方向剥离、脱落,阳台混凝土栏杆钢筋锈蚀严重,混凝土开裂、损坏,砌体房屋内部一层A-B/2-5轴、A-B/7-10轴间梁钢筋锈蚀、部分外露,由于钢筋锈蚀膨胀导致混凝土沿钢筋方向剥离、脱落,西单元一楼、二楼部分预制楼梯踏板钢筋锈蚀,由于钢筋锈蚀膨胀导致混凝土沿钢筋方向剥离、脱落,根据《民用建筑可靠性鉴定标准》(GB 50292—2015)第5.2.6条、第5.2.8条,上述构件安全性等级为d_u。根据盈建科建模计算分析结果、《民用建筑可靠性鉴定标准》(GB 50292—2015)第7.3.7条、第7.3.8条,三层砌体房屋阳台、砌体房屋内部一层A-B/2-5轴、A-B/7-10轴间梁、西单元一楼、二楼部分预制楼梯踏板承载力不满足安全使用要求,该三层砌体房屋上部承重结构安全性等级评定为C_u级。

3. 围护结构

经现场检测,三层砌体房屋阳台混凝土栏杆钢筋锈蚀严重,混凝土开裂、损坏。依据《民用建筑可靠性鉴定标准》(GB 50292—2015)的相关规定,该三层砌体结构房屋围护系统安全性等级评定为C_u级。

(五)抗震性能鉴定分析

该房屋建于2013年,根据《建筑抗震鉴定标准》(GB 50023—2009)第1.0.4条、第1.0.5条,按照后续使用50年要求进行抗震鉴定,为C类建筑,应按照现行国家标准《建筑抗震设计规范》(GB 5011—2010)的要求进行抗震鉴定,根据《建筑抗震设计规范》(GB 5001—2010)附录A,抗震设防烈度为7度,地震加速度为0.10 g,第一组,按照丙类房屋进行鉴定,应按现行国家标准《建筑抗震设计规范》(GB 50011—2010)的要求进行抗震鉴定。本案例不展开论述抗震鉴定部分。

(六)鉴定结论

通过现场调查、检测、数据计算分析,得出如下结论:

三层砌体房屋主体结构,阳台、砌体房屋内部一层A-B/2-5轴、A-B/7-10轴间梁、西单元一楼、二楼部分预制楼梯踏板承载力不满足安全使用要求,依据《民用建筑可靠性鉴定标准》(GB 50292—2015)评定,该楼安全性等级为C_{su}级。

(七)鉴定建议

建议对钢筋锈蚀,混凝土开裂、损坏的构件采取处理措施。

参考文献

[1] 民用建筑可靠性鉴定标准. GB 50292—2015[S]. 北京:中国建筑工业出版社,2015.

[2] 工业建筑可靠性鉴定标准. GB 50144—2019[S]. 北京:中国建筑工业出版社,2019.

[3] 建筑抗震鉴定标准. GB 50023—2009[S]. 北京:中国建筑工业出版社,2009.

[4] 既有建筑鉴定与加固通用规范. GB 55021—2021[S]. 北京:中国建筑工业出版社,2021.

[5] 建筑结构检测技术标准. GB/T 50344—2019[S]. 北京:中国建筑工业出版社,2019.

[6] 混凝土结构现场检测技术标准. GB/T 50784—2013[S]. 北京:中国建筑工业出版社,2013.

[7] 钢结构现场检测技术标准. GB/T 50621—2010[S]. 北京:中国建筑工业出版社,2010.

[8] 砌体工程现场检测技术标准. GB/T 50315—2011[S]. 北京:中国建筑工业出版社,2011.

[9] 混凝土中钢筋检测技术标准. JGJ/T 152—2019[S]. 北京:中国建筑工业出版社,2019.

[10] 回弹法检测混凝土抗压强度技术规程. JGJ/T 23—2011[S]. 北京:中国建筑工业出版社,2013.

[11] 贯入法检测砌筑砂浆抗压强度技术规程. JGJ/T 136—2017[S]. 北京:中国建筑工业出版社,2017.

[12] 钻芯法检测混凝土强度技术规程. JGJ/T 384—2016[S]. 北京:中国建筑工业出版社,2016.

[13] 建筑结构荷载规范. GB 50009—2012[S]. 北京:中国建筑工业出版社,2012.

[14] 砌体结构设计规范. GB 50003—2011[S]. 北京:中国建筑工业出版社,2011.

[15] 建筑地基基础设计规范. GB 50007—2011[S]. 北京:中国建筑工业出版社,2011.

[16] 混凝土结构设计规范. GB 50010—2010[S]. 北京:中国建筑工业出版社,2010.

[17] 钢结构设计标准. GB 50017—2017[S]. 北京:中国建筑工业出版社,2017.

[18] 钢结构焊接规范. GB 50661—2011[S]. 北京:中国建筑工业出版社,2011.